아~름다운 샘 A~ssam

내신FINAL

고1 수학

출제범위

(중간고사 10회) 도형의 이동 - 명제의 증명

(부록) 원의 방정식, 원과 직선, 함수, 합성함수와 역함수

선생님! 제발 복사는~~T_T

교재의 문항에 대한 저작권을 지켜주시기를 간곡히 부탁드립니다. 바른 교육을 받고 성장한 학생들이 명예로운 사회를 만듭니다~♥

1학년 2학기 중간고사

부록

정답 및 해설

동영상 강의는 아샘 협력학원 선생님들의 강의를 제공받아 유튜브(아샘 채널)에 업로드하였습니다.

이 책의 **구성**

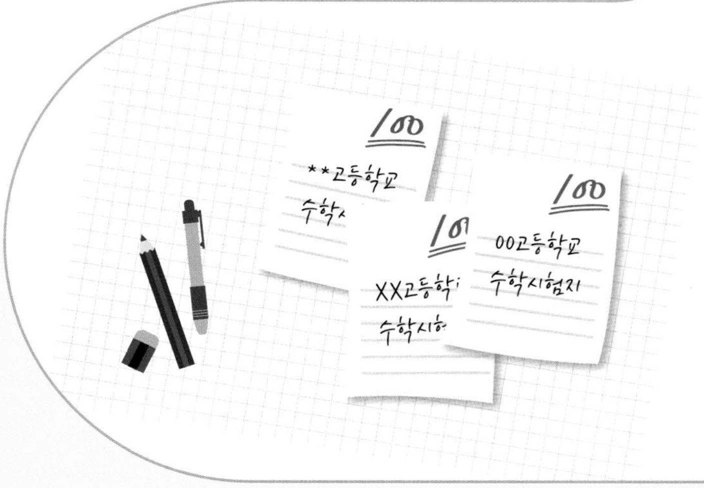

이것만 풀면 1등급~♬

전국 고등학교의 수학 시험지를 분석,
꼭 출제되는 중요 문항만을 선별하여
내신 시험을 책임질 수 있도록 만든

중간고사 예상문제지!!!

문항정보표 수록된 모든 문항에 대하여 내용영역, 난이도 등의 정보를 제공하였고, 어려운 문항에는 동영상 강의를 제공하여 이를 본문 또는 해설의 QR코드로 접속할 수 있게 하였습니다. 또한 OMR 카드를 제공하여 객관식 문항 표기를 연습할 수 있도록 하였습니다.

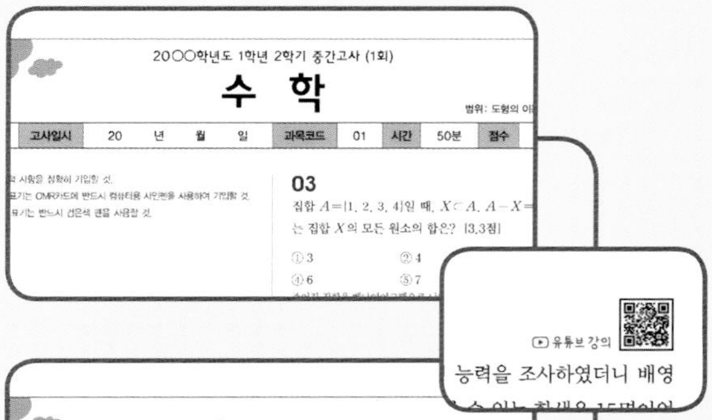

중간고사 1회~10회 1회당 23문항(객관식 18문항, 서술형 주관식 5문항)으로 구성하였습니다. 1회~8회의 문항은 학교 시험의 평균 난이도로 맞추었으며 9회~10회는 좀 더 난이도를 높여 구성하였습니다. 동영상 강의가 있는 문항에는 QR코드를 제공하여 유튜브-아름다운샘 채널에서 동영상 강의를 볼 수 있도록 하였습니다.

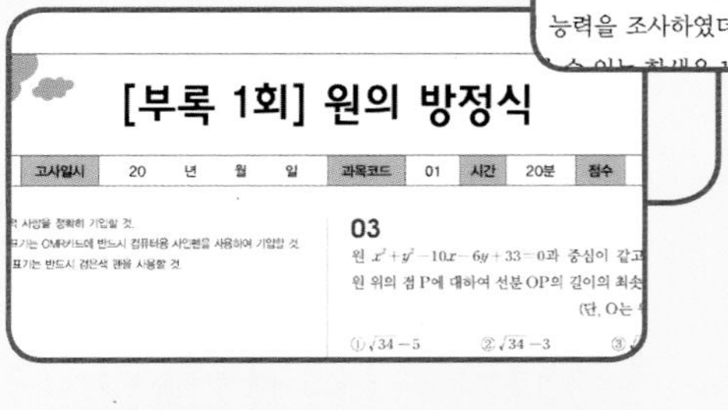

[부록] 원의 방정식/원과 직선/함수/합성함수와 역함수
2학기 중간고사 범위에 원의 방정식/원과 직선/함수/합성함수와 역함수가 포함된 학교 학생들을 위하여 이를 추가로 1회씩 구성하였으며 각 회별 8문항씩 수록하였습니다. 동영상 강의가 있는 문항에는 QR코드를 제공하였습니다.

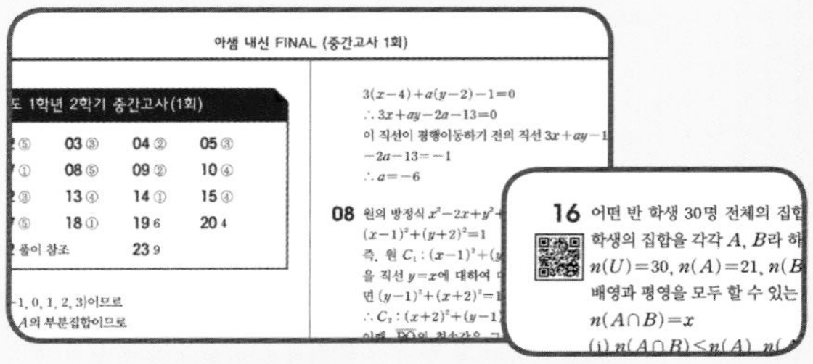

정답 및 해설 각 문항별 정답과 풀이를 제공하고 서술형 주관식 문제에는 채점기준표를 제공하였습니다. 또한 유용한 개념 또는 공식은 핵심포인트에 수록하였고 다른 풀이가 있는 문항에는 다른 풀이를 실었습니다. 본문과 마찬가지로 동영상 강의가 있는 문항에는 QR코드를 제공하였습니다.

학년	반		번호		과목코드	
	0	0	0	0	0	0
1	1	1	1	1	1	1
2	2	2	2	2	2	2
3		3	3	3	3	3
공결		4	4	4	4	4
병결		5	5	5	5	5
상고		6	6	6	6	6
무단		7	7	7	7	7
부정		8		8	8	8
기타		9		9	9	9

아~샘 A~ssam

성명

과목

년 월 일

제 회 2학기 중간고사

감독

문항	1	2	3	4	5	문항	1	2	3	4	5	문항	1	2	3	4	5	문항	1	2	3	4	5	문항	1	2	3	4	5
1	1	2	3	4	5	11	1	2	3	4	5	21	1	2	3	4	5	31	1	2	3	4	5	41	1	2	3	4	5
2	1	2	3	4	5	12	1	2	3	4	5	22	1	2	3	4	5	32	1	2	3	4	5	42	1	2	3	4	5
3	1	2	3	4	5	13	1	2	3	4	5	23	1	2	3	4	5	33	1	2	3	4	5	43	1	2	3	4	5
4	1	2	3	4	5	14	1	2	3	4	5	24	1	2	3	4	5	34	1	2	3	4	5	44	1	2	3	4	5
5	1	2	3	4	5	15	1	2	3	4	5	25	1	2	3	4	5	35	1	2	3	4	5	45	1	2	3	4	5
6	1	2	3	4	5	16	1	2	3	4	5	26	1	2	3	4	5	36	1	2	3	4	5	46	1	2	3	4	5
7	1	2	3	4	5	17	1	2	3	4	5	27	1	2	3	4	5	37	1	2	3	4	5	47	1	2	3	4	5
8	1	2	3	4	5	18	1	2	3	4	5	28	1	2	3	4	5	38	1	2	3	4	5	48	1	2	3	4	5
9	1	2	3	4	5	19	1	2	3	4	5	29	1	2	3	4	5	39	1	2	3	4	5	49	1	2	3	4	5
10	1	2	3	4	5	20	1	2	3	4	5	30	1	2	3	4	5	40	1	2	3	4	5	50	1	2	3	4	5

정 정 확 인

문항번호 ( )
( )번을
( )번으로 정정
감독확인 (인)

문항번호 ( )
( )번을
( )번으로 정정
감독확인 (인)

문항번호 ( )
( )번을
( )번으로 정정
감독확인 (인)

학년	반		번호		과목코드	
	0	0	0	0	0	0
1	1	1	1	1	1	1
2	2	2	2	2	2	2
3		3	3	3	3	3
공결		4	4	4	4	4
병결		5	5	5	5	5
상고		6	6	6	6	6
무단		7	7	7	7	7
부정		8		8	8	8
기타		9		9	9	9

아~샘 A~ssam

성명

과목

년 월 일

제 회 2학기 중간고사

감독

문항	1	2	3	4	5	문항	1	2	3	4	5	문항	1	2	3	4	5	문항	1	2	3	4	5	문항	1	2	3	4	5
1	1	2	3	4	5	11	1	2	3	4	5	21	1	2	3	4	5	31	1	2	3	4	5	41	1	2	3	4	5
2	1	2	3	4	5	12	1	2	3	4	5	22	1	2	3	4	5	32	1	2	3	4	5	42	1	2	3	4	5
3	1	2	3	4	5	13	1	2	3	4	5	23	1	2	3	4	5	33	1	2	3	4	5	43	1	2	3	4	5
4	1	2	3	4	5	14	1	2	3	4	5	24	1	2	3	4	5	34	1	2	3	4	5	44	1	2	3	4	5
5	1	2	3	4	5	15	1	2	3	4	5	25	1	2	3	4	5	35	1	2	3	4	5	45	1	2	3	4	5
6	1	2	3	4	5	16	1	2	3	4	5	26	1	2	3	4	5	36	1	2	3	4	5	46	1	2	3	4	5
7	1	2	3	4	5	17	1	2	3	4	5	27	1	2	3	4	5	37	1	2	3	4	5	47	1	2	3	4	5
8	1	2	3	4	5	18	1	2	3	4	5	28	1	2	3	4	5	38	1	2	3	4	5	48	1	2	3	4	5
9	1	2	3	4	5	19	1	2	3	4	5	29	1	2	3	4	5	39	1	2	3	4	5	49	1	2	3	4	5
10	1	2	3	4	5	20	1	2	3	4	5	30	1	2	3	4	5	40	1	2	3	4	5	50	1	2	3	4	5

정 정 확 인

문항번호 ( )
( )번을
( )번으로 정정
감독확인 (인)

문항번호 ( )
( )번을
( )번으로 정정
감독확인 (인)

문항번호 ( )
( )번을
( )번으로 정정
감독확인 (인)

학년	반		번호		과목코드	
	0	0	0	0	0	0
1	1	1	1	1	1	1
2	2	2	2	2	2	2
3		3	3	3	3	3
공결		4	4	4	4	4
병결		5	5	5	5	5
상고		6	6	6	6	6
무단		7	7	7	7	7
부정		8		8	8	8
기타		9		9	9	9

아~샘 A~ssam

성명

과목

년 월 일

제 회 2학기 중간고사

감독

문항	1	2	3	4	5	문항	1	2	3	4	5	문항	1	2	3	4	5	문항	1	2	3	4	5	문항	1	2	3	4	5
1	1	2	3	4	5	11	1	2	3	4	5	21	1	2	3	4	5	31	1	2	3	4	5	41	1	2	3	4	5
2	1	2	3	4	5	12	1	2	3	4	5	22	1	2	3	4	5	32	1	2	3	4	5	42	1	2	3	4	5
3	1	2	3	4	5	13	1	2	3	4	5	23	1	2	3	4	5	33	1	2	3	4	5	43	1	2	3	4	5
4	1	2	3	4	5	14	1	2	3	4	5	24	1	2	3	4	5	34	1	2	3	4	5	44	1	2	3	4	5
5	1	2	3	4	5	15	1	2	3	4	5	25	1	2	3	4	5	35	1	2	3	4	5	45	1	2	3	4	5
6	1	2	3	4	5	16	1	2	3	4	5	26	1	2	3	4	5	36	1	2	3	4	5	46	1	2	3	4	5
7	1	2	3	4	5	17	1	2	3	4	5	27	1	2	3	4	5	37	1	2	3	4	5	47	1	2	3	4	5
8	1	2	3	4	5	18	1	2	3	4	5	28	1	2	3	4	5	38	1	2	3	4	5	48	1	2	3	4	5
9	1	2	3	4	5	19	1	2	3	4	5	29	1	2	3	4	5	39	1	2	3	4	5	49	1	2	3	4	5
10	1	2	3	4	5	20	1	2	3	4	5	30	1	2	3	4	5	40	1	2	3	4	5	50	1	2	3	4	5

정 정 확 인

문항번호 ( )
( )번을
( )번으로 정정
감독확인 (인)

문항번호 ( )
( )번을
( )번으로 정정
감독확인 (인)

문항번호 ( )
( )번을
( )번으로 정정
감독확인 (인)

학년	반	번호	과목코드	아~샘 A-ssam	성명		과목		년 월 일	감독	
									제 회 2학기 중간고사		

							문항	1	2	3	4	5	문항	1	2	3	4	5	문항	1	2	3	4	5	문항	1	2	3	4	5	문항	1	2	3	4	5	정정확인
	0	0	0	0	0	0	1	1	2	3	4	5	11	1	2	3	4	5	21	1	2	3	4	5	31	1	2	3	4	5	41	1	2	3	4	5	문항번호 ( )
1	1	1	1	1	1	1	2	1	2	3	4	5	12	1	2	3	4	5	22	1	2	3	4	5	32	1	2	3	4	5	42	1	2	3	4	5	( )번을 ( )번으로 정정
2	2	2	2	2	2	2	3	1	2	3	4	5	13	1	2	3	4	5	23	1	2	3	4	5	33	1	2	3	4	5	43	1	2	3	4	5	감독확인 (인)
3		3	3	3	3	3	4	1	2	3	4	5	14	1	2	3	4	5	24	1	2	3	4	5	34	1	2	3	4	5	44	1	2	3	4	5	
공결		4	4	4	4	4	5	1	2	3	4	5	15	1	2	3	4	5	25	1	2	3	4	5	35	1	2	3	4	5	45	1	2	3	4	5	문항번호 ( )
병결		5	5	5	5	5	6	1	2	3	4	5	16	1	2	3	4	5	26	1	2	3	4	5	36	1	2	3	4	5	46	1	2	3	4	5	( )번을 ( )번으로 정정
상고		6	6	6	6	6	7	1	2	3	4	5	17	1	2	3	4	5	27	1	2	3	4	5	37	1	2	3	4	5	47	1	2	3	4	5	감독확인 (인)
무단		7	7	7	7	7	8	1	2	3	4	5	18	1	2	3	4	5	28	1	2	3	4	5	38	1	2	3	4	5	48	1	2	3	4	5	문항번호 ( )
부정		8		8	8	8	9	1	2	3	4	5	19	1	2	3	4	5	29	1	2	3	4	5	39	1	2	3	4	5	49	1	2	3	4	5	( )번을 ( )번으로 정정
기타		9		9	9	9	10	1	2	3	4	5	20	1	2	3	4	5	30	1	2	3	4	5	40	1	2	3	4	5	50	1	2	3	4	5	감독확인 (인)

학년	반	번호	과목코드	아~샘 A-ssam	성명		과목		년 월 일	감독	
									제 회 2학기 중간고사		

							문항	1	2	3	4	5	문항	1	2	3	4	5	문항	1	2	3	4	5	문항	1	2	3	4	5	문항	1	2	3	4	5	정정확인
	0	0	0	0	0	0	1	1	2	3	4	5	11	1	2	3	4	5	21	1	2	3	4	5	31	1	2	3	4	5	41	1	2	3	4	5	문항번호 ( )
1	1	1	1	1	1	1	2	1	2	3	4	5	12	1	2	3	4	5	22	1	2	3	4	5	32	1	2	3	4	5	42	1	2	3	4	5	( )번을 ( )번으로 정정
2	2	2	2	2	2	2	3	1	2	3	4	5	13	1	2	3	4	5	23	1	2	3	4	5	33	1	2	3	4	5	43	1	2	3	4	5	감독확인 (인)
3		3	3	3	3	3	4	1	2	3	4	5	14	1	2	3	4	5	24	1	2	3	4	5	34	1	2	3	4	5	44	1	2	3	4	5	
공결		4	4	4	4	4	5	1	2	3	4	5	15	1	2	3	4	5	25	1	2	3	4	5	35	1	2	3	4	5	45	1	2	3	4	5	문항번호 ( )
병결		5	5	5	5	5	6	1	2	3	4	5	16	1	2	3	4	5	26	1	2	3	4	5	36	1	2	3	4	5	46	1	2	3	4	5	( )번을 ( )번으로 정정
상고		6	6	6	6	6	7	1	2	3	4	5	17	1	2	3	4	5	27	1	2	3	4	5	37	1	2	3	4	5	47	1	2	3	4	5	감독확인 (인)
무단		7	7	7	7	7	8	1	2	3	4	5	18	1	2	3	4	5	28	1	2	3	4	5	38	1	2	3	4	5	48	1	2	3	4	5	문항번호 ( )
부정		8		8	8	8	9	1	2	3	4	5	19	1	2	3	4	5	29	1	2	3	4	5	39	1	2	3	4	5	49	1	2	3	4	5	( )번을 ( )번으로 정정
기타		9		9	9	9	10	1	2	3	4	5	20	1	2	3	4	5	30	1	2	3	4	5	40	1	2	3	4	5	50	1	2	3	4	5	감독확인 (인)

학년	반	번호	과목코드	아~샘 A-ssam	성명		과목		년 월 일	감독	
									제 회 2학기 중간고사		

							문항	1	2	3	4	5	문항	1	2	3	4	5	문항	1	2	3	4	5	문항	1	2	3	4	5	문항	1	2	3	4	5	정정확인
	0	0	0	0	0	0	1	1	2	3	4	5	11	1	2	3	4	5	21	1	2	3	4	5	31	1	2	3	4	5	41	1	2	3	4	5	문항번호 ( )
1	1	1	1	1	1	1	2	1	2	3	4	5	12	1	2	3	4	5	22	1	2	3	4	5	32	1	2	3	4	5	42	1	2	3	4	5	( )번을 ( )번으로 정정
2	2	2	2	2	2	2	3	1	2	3	4	5	13	1	2	3	4	5	23	1	2	3	4	5	33	1	2	3	4	5	43	1	2	3	4	5	감독확인 (인)
3		3	3	3	3	3	4	1	2	3	4	5	14	1	2	3	4	5	24	1	2	3	4	5	34	1	2	3	4	5	44	1	2	3	4	5	
공결		4	4	4	4	4	5	1	2	3	4	5	15	1	2	3	4	5	25	1	2	3	4	5	35	1	2	3	4	5	45	1	2	3	4	5	문항번호 ( )
병결		5	5	5	5	5	6	1	2	3	4	5	16	1	2	3	4	5	26	1	2	3	4	5	36	1	2	3	4	5	46	1	2	3	4	5	( )번을 ( )번으로 정정
상고		6	6	6	6	6	7	1	2	3	4	5	17	1	2	3	4	5	27	1	2	3	4	5	37	1	2	3	4	5	47	1	2	3	4	5	감독확인 (인)
무단		7	7	7	7	7	8	1	2	3	4	5	18	1	2	3	4	5	28	1	2	3	4	5	38	1	2	3	4	5	48	1	2	3	4	5	문항번호 ( )
부정		8		8	8	8	9	1	2	3	4	5	19	1	2	3	4	5	29	1	2	3	4	5	39	1	2	3	4	5	49	1	2	3	4	5	( )번을 ( )번으로 정정
기타		9		9	9	9	10	1	2	3	4	5	20	1	2	3	4	5	30	1	2	3	4	5	40	1	2	3	4	5	50	1	2	3	4	5	감독확인 (인)

문항 정보표

■ 1학년 2학기 중간고사(1회)

표시 문항은 동영상 강의가 제공되는 문항입니다.

번호	소단원명	난이도	배점	○/×	번호	소단원명	난이도	배점	○/×
1	집합 사이의 포함 관계	하	3.3점		13	충분조건, 필요조건	중상	4점	
2	집합의 연산	하	3.3점		14	충분조건, 필요조건	중상	4점	
3	집합의 연산	하	3.3점		15	절대부등식	중상	4점	
4	집합 사이의 포함 관계	중하	3.3점		16	집합의 연산법칙	중상	4점	
5	집합의 연산법칙	중하	3.3점		17	집합의 연산	상	4점	
6	집합 사이의 포함 관계	중하	3.3점		18	집합 사이의 포함 관계	최상	4점	
7	평행이동	중하	3.7점		19	집합의 연산법칙	중하	6점	
8	대칭이동	중하	3.7점		20	대칭이동	중상	6점	
9	명제의 역과 대우	중하	3.7점		21	절대부등식	중상	6점	
10	명제	중하	3.7점		22	증명	중상	8점	
11	명제	중상	3.7점		23	집합의 연산	상	8점	
12	명제의 역과 대우	중상	3.7점						

■ 1학년 2학기 중간고사(2회)

번호	소단원명	난이도	배점	○/×	번호	소단원명	난이도	배점	○/×
1	명제	하	3.3점		13	대칭이동	중상	4점	
2	집합의 뜻과 표현	하	3.3점		14	대칭이동	중상	4점	
3	집합 사이의 포함 관계	중하	3.3점		15	충분조건, 필요조건	중상	4점	
4	집합의 연산	중하	3.3점		16	증명	중상	4점	
5	집합의 연산법칙	중하	3.3점		17	집합의 연산	상	4점	
6	집합의 연산	중하	3.3점		18	절대부등식	상	4점	
7	집합 사이의 포함 관계	중하	3.7점		19	명제	중하	6점	
8	집합의 연산	중하	3.7점		20	집합의 연산법칙	중상	6점	
9	충분조건, 필요조건	중하	3.7점		21	절대부등식	중상	6점	
10	명제의 역과 대우	중하	3.7점		22	절대부등식	중상	8점	
11	평행이동	중하	3.7점		23	집합의 연산	최상	8점	
12	대칭이동	중상	3.7점						

■ 1학년 2학기 중간고사(3회)

번호	소단원명	난이도	배점	○/×	번호	소단원명	난이도	배점	○/×
1	집합 사이의 포함 관계	하	3.3점		13	평행이동	중상	4점	
2	집합의 뜻과 표현	하	3.3점		14	대칭이동	중상	4점	
3	집합 사이의 포함 관계	하	3.3점		15	집합의 연산법칙	중상	4점	
4	집합의 연산	하	3.3점		16	충분조건, 필요조건	상	4점	
5	집합의 연산	중하	3.3점		17	절대부등식	상	4점	
6	집합의 연산	중하	3.3점		18	절대부등식	상	4점	
7	집합의 연산	중하	3.7점		19	명제	중하	6점	
8	집합의 연산법칙	중하	3.7점		20	증명	중하	6점	
9	명제	중하	3.7점		21	집합 사이의 포함 관계	중상	6점	
10	명제의 역과 대우	중하	3.7점		22	절대부등식	최상	8점	
11	충분조건, 필요조건	중상	3.7점		23	대칭이동	최상	8점	
12	평행이동	중상	3.7점						

■ 1학년 2학기 중간고사(4회)

번호	소단원명	난이도	배점	○/×	번호	소단원명	난이도	배점	○/×
1	집합 사이의 포함 관계	하	3.3점		13	평행이동	중하	4점	
2	집합 사이의 포함 관계	하	3.3점		14	집합의 연산	중상	4점	
3	집합의 연산법칙	하	3.3점		15	집합의 연산	중상	4점	
4	집합 사이의 포함 관계	하	3.3점		16	절대부등식	중상	4점	
5	집합의 연산	중하	3.3점		17	증명	중상	4점	
6	집합의 연산법칙	중하	3.3점		18	절대부등식	상	4점	
7	명제	중하	3.7점		19	집합 사이의 포함 관계	중하	6점	
8	명제	중하	3.7점		20	대칭이동	중상	6점	
9	명제의 역과 대우	중하	3.7점		21	집합의 연산법칙	상	6점	
10	명제의 역과 대우	중하	3.7점		22	절대부등식	상	8점	
11	충분조건, 필요조건	중하	3.7점		23	집합의 연산	최상	8점	
12	대칭이동	중하	3.7점						

■ 1학년 2학기 중간고사(5회)

번호	소단원명	난이도	배점	○/×	번호	소단원명	난이도	배점	○/×
1	집합의 뜻과 표현	하	3.3점		13	대칭이동	중상	4점	
2	집합의 연산	하	3.3점		14	대칭이동	중상	4점	
3	집합의 연산법칙	하	3.3점		15	절대부등식	상	4점	
4	집합 사이의 포함 관계	하	3.3점		16	증명	중상	4점	
5	명제	하	3.3점		17	집합의 연산법칙	상	4점	
6	명제	중하	3.3점		18	집합의 연산	최상	4점	
7	집합 사이의 포함 관계	중하	3.7점		19	평행이동	중하	6점	
8	집합의 연산법칙	중하	3.7점		20	명제의 역과 대우	중상	6점	
9	집합의 연산법칙	중상	3.7점		21	집합의 연산법칙	중상	6점	
10	명제의 역과 대우	중하	3.7점		22	절대부등식	최상	8점	
11	충분조건, 필요조건	중상	3.7점		23	집합의 연산법칙	최상	8점	
12	충분조건, 필요조건	중상	3.7점						

■ 1학년 2학기 중간고사(6회)

번호	소단원명	난이도	배점	○/×	번호	소단원명	난이도	배점	○/×
1	집합 사이의 포함 관계	하	3.3점		13	평행이동	중상	4점	
2	집합 사이의 포함 관계	하	3.3점		14	대칭이동	중상	4점	
3	집합 사이의 포함 관계	하	3.3점		15	절대부등식	중상	4점	
4	집합의 연산	중하	3.3점		16	집합의 연산	상	4점	
5	집합의 연산	중하	3.3점		17	대칭이동	상	4점	
6	집합의 연산	중하	3.3점		18	집합의 연산	상	4점	
7	집합 사이의 포함 관계	중하	3.7점		19	명제	하	6점	
8	집합의 연산	중하	3.7점		20	집합의 연산법칙	중하	6점	
9	명제	중하	3.7점		21	절대부등식	중상	6점	
10	명제의 역과 대우	중상	3.7점		22	증명	중상	8점	
11	명제	중상	3.7점		23	집합의 연산	최상	8점	
12	충분조건, 필요조건	중상	3.7점						

■ 1학년 2학기 중간고사(7회)

번호	소단원명	난이도	배점	○/×	번호	소단원명	난이도	배점	○/×
1	명제	하	3.3점		13	충분조건, 필요조건	중상	4점	
2	집합의 뜻과 표현	하	3.3점		14	명제	중상	4점	
3	집합의 연산	하	3.3점		15	대칭이동	중상	4점	
4	집합 사이의 포함 관계	하	3.3점		16	증명	중상	4점	
5	평행이동	중하	3.3점		17	집합의 연산	중상	4점	
6	집합의 연산법칙	중하	3.3점		18	절대부등식	상	4점	
7	집합의 연산법칙	중하	3.7점		19	명제	중하	6점	
8	집합의 연산	중하	3.7점		20	충분조건, 필요조건	중상	6점	
9	집합의 연산법칙	중하	3.7점		21	절대부등식	중상	6점	
10	명제	중하	3.7점		22	집합의 연산법칙	상	8점	
11	대칭이동	중상	3.7점		23	집합 사이의 포함 관계	상	8점	
12	집합의 연산법칙	중상	3.7점						

■ 1학년 2학기 중간고사(8회)

번호	소단원명	난이도	배점	○/×	번호	소단원명	난이도	배점	○/×
1	집합의 연산	하	3.3점		13	평행이동	중상	4점	
2	집합 사이의 포함 관계	하	3.3점		14	대칭이동	중상	4점	
3	집합의 연산	중하	3.3점		15	절대부등식	중상	4점	
4	집합 사이의 포함 관계	중하	3.3점		16	집합의 뜻과 표현	중상	4점	
5	집합의 연산법칙	중하	3.3점		17	집합의 연산	중상	4점	
6	집합의 연산	중하	3.3점		18	집합의 연산법칙	최상	4점	
7	명제	중하	3.7점		19	대칭이동	중하	6점	
8	명제	중하	3.7점		20	집합 사이의 포함 관계	중하	6점	
9	명제의 역과 대우	중하	3.7점		21	증명	중상	6점	
10	충분조건, 필요조건	중하	3.7점		22	집합의 연산법칙	상	8점	
11	충분조건, 필요조건	중하	3.7점		23	집합 사이의 포함 관계	상	8점	
12	충분조건, 필요조건	중상	3.7점						

■ 1학년 2학기 중간고사(9회)

번호	소단원명	난이도	배점	○/×	번호	소단원명	난이도	배점	○/×
1	명제	하	3.3점		13	절대부등식	중상	4점	
2	명제의 역과 대우	하	3.3점		14	증명	중상	4점	
3	집합 사이의 포함 관계	하	3.3점		15	집합의 연산법칙	중상	4점	
4	집합 사이의 포함 관계	중하	3.3점		16	충분조건, 필요조건	중상	4점	
5	집합의 연산	중하	3.3점		17	집합의 연산	상	4점	
6	집합의 연산	중하	3.3점		18	집합의 연산	최상	4점	
7	집합의 연산	중하	3.7점		19	대칭이동	중하	6점	
8	대칭이동	중상	3.7점		20	집합의 연산법칙	중상	6점	
9	명제	중상	3.7점		21	절대부등식	중상	6점	
10	충분조건, 필요조건	중상	3.7점		22	평행이동	상	8점	
11	충분조건, 필요조건	중상	3.7점		23	집합의 연산법칙	최상	8점	
12	집합 사이의 포함 관계	중상	3.7점						

■ 1학년 2학기 중간고사(10회)

번호	소단원명	난이도	배점	○/×	번호	소단원명	난이도	배점	○/×
1	집합 사이의 포함 관계	하	3.3점		13	집합 사이의 포함 관계	중상	4점	
2	명제의 역과 대우	하	3.3점		14	증명	중상	4점	
3	충분조건, 필요조건	하	3.3점		15	절대부등식	중상	4점	
4	집합 사이의 포함 관계	하	3.3점		16	대칭이동	상	4점	
5	집합의 연산	중하	3.3점		17	집합의 연산	상	4점	
6	집합의 연산법칙	중하	3.3점		18	집합 사이의 포함 관계	상	4점	
7	집합의 연산	중하	3.7점		19	집합의 연산법칙	중하	6점	
8	집합의 연산	중하	3.7점		20	절대부등식	중하	6점	
9	명제	중하	3.7점		21	대칭이동	중상	6점	
10	충분조건, 필요조건	중하	3.7점		22	집합의 연산법칙	상	8점	
11	충분조건, 필요조건	중상	3.7점		23	집합의 연산법칙	최상	8점	
12	평행이동	중상	3.7점						

■ [부록 1회] 원의 방정식

번호	소단원명	난이도	배점	○/×	번호	소단원명	난이도	배점	○/×
1	원의 방정식	중하	4점		5	원의 방정식	중상	5점	
2	원의 방정식	중하	4점		6	원의 방정식	중상	5점	
3	원의 방정식	중하	4점		7	원의 방정식	상	6점	
4	원의 방정식	중상	4점		8	원의 방정식	상	8점	

■ [부록 2회] 원과 직선

번호	소단원명	난이도	배점	○/×	번호	소단원명	난이도	배점	○/×
1	원과 직선	중하	4점		5	원과 직선	상	5점	
2	원과 직선	중하	4점		6	원과 직선	상	5점	
3	원과 직선	중하	4점		7	원과 직선	상	6점	
4	원과 직선	중상	4점		8	원과 직선	최상	8점	

■ [부록 3회] 함수

번호	소단원명	난이도	배점	○/×	번호	소단원명	난이도	배점	○/×
1	함수	하	4점		5	함수	중상	5점	
2	함수	하	4점		6	함수	상	5점	
3	함수	중하	4점		7	함수	중상	6점	
4	함수	중하	4점		8	함수	상	8점	

■ [부록 4회] 합성함수와 역함수

번호	소단원명	난이도	배점	○/×	번호	소단원명	난이도	배점	○/×
1	합성함수와 역함수	하	4점		5	합성함수와 역함수	중상	5점	
2	합성함수와 역함수	하	4점		6	합성함수와 역함수	상	5점	
3	합성함수와 역함수	중하	4점		7	합성함수와 역함수	중상	6점	
4	합성함수와 역함수	중하	4점		8	합성함수와 역함수	상	8점	

20○○학년도 1학년 2학기 중간고사 (1회)

수 학

범위: 도형의 이동 ~ 명제의 증명

대상	1학년	고사일시	20 년 월 일	과목코드	01	시간	50분	점수	/100점

- 답안지에 필요한 인적 사항을 정확히 기입할 것.
- 객관식 문제의 답안 표기는 OMR카드에 반드시 컴퓨터용 사인펜을 사용하여 기입할 것.
- 주관식 문제의 답안 표기는 반드시 검은색 펜을 사용할 것.

객관식

01

집합 $A=\{x\mid -2<x<4,\ x$는 정수$\}$일 때, 다음 중 옳은 것은? [3.3점]

① $\varnothing\in A$ ② $-2\in A$
③ $\{-1,\ 1\}\in A$ ④ $\{0\}\subset A$
⑤ $\{-2,\ -1,\ 0,\ 1,\ 2,\ 3\}\subset A$

02

두 집합 $A=\{3,\ a\}$, $B=\{1,\ 2,\ b,\ 5\}$에 대하여 $A\cap B=\{3,\ 5\}$일 때, 두 상수 a, b에 대하여 $a+b$의 값은? [3.3점]

① 4 ② 5 ③ 6
④ 7 ⑤ 8

03

집합 $A=\{1,\ 2,\ 3,\ 4\}$일 때, $X\subset A$, $A-X=\{1,\ 4\}$를 만족하는 집합 X의 모든 원소의 합은? [3.3점]

① 3 ② 4 ③ 5
④ 6 ⑤ 7

04

두 집합 $A=\{x\mid x$는 5 이하의 자연수$\}$, $B=\{1,\ a,\ 3,\ b\}$에 대하여 B가 A의 진부분집합일 때, 두 상수 a, b에 대하여 $a+b$의 최댓값은? (단, $n(B)=4$) [3.3점]

① 8 ② 9 ③ 10
④ 11 ⑤ 12

● 저작권법을 준수하는 아름다운샘~

05

다음 중 벤다이어그램에서 색칠된 부분을 나타내는 집합은? [3.3점]

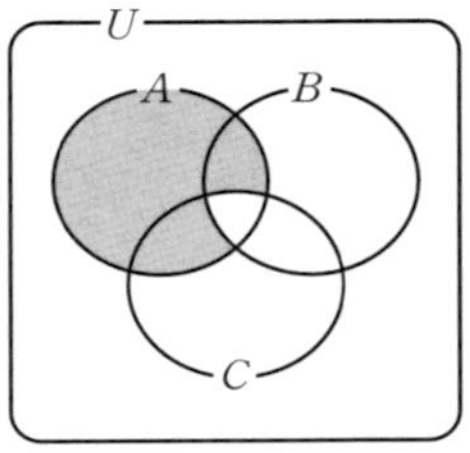

① $A\cap(B^C\cup C)$
② $A\cap(B\cup C^C)$
③ $A\cap(B^C\cup C^C)$
④ $A\cap B^C\cap C^C$
⑤ $A\cap B^C\cap C$

06

두 집합 $A=\{x\mid x$는 8의 양의 약수$\}$, $B=\{x\mid x$는 2의 양의 약수$\}$에 대하여 집합 A의 부분집합 중 집합 B의 원소를 적어도 한 개 갖는 부분집합의 개수는? [3.3점]

① 8 ② 10 ③ 12
④ 14 ⑤ 16

07

직선 $3x+ay-1=0$을 x축의 방향으로 4만큼, y축의 방향으로 2만큼 평행이동한 직선이 옮겨지기 전의 직선과 일치하였다. 이때, 상수 a의 값은? [3.7점]

① -6 ② -3 ③ -1
④ 3 ⑤ 6

08

원 C_1 : $x^2-2x+y^2+4y+4=0$을 직선 $y=x$에 대하여 대칭이동한 원을 C_2라 하자. 원 C_1 위의 임의의 점 P와 원 C_2 위의 임의의 점 Q에 대하여 두 점 P, Q 사이의 거리의 최솟값은? [3.7점]

① $2\sqrt{2}-1$ ② $2\sqrt{2}-2$ ③ $3\sqrt{2}$
④ $3\sqrt{2}-1$ ⑤ $3\sqrt{2}-2$

09

두 자연수 x, y에 대한 명제 'x, y가 모두 짝수이면 xy는 짝수이다.' 의 대우는? [3.7점]

① x, y가 모두 홀수이면 xy는 홀수이다.
② xy가 홀수이면 x, y 중 적어도 하나는 홀수이다.
③ xy가 홀수이면 x, y 중 적어도 하나는 짝수이다.
④ x, y 중 적어도 하나가 짝수이면 xy는 짝수이다.
⑤ x, y 중 적어도 하나가 홀수이면 xy는 홀수이다.

10

명제 '$a-1\le x\le a+1$이면 $-4\le x<2$이다.'가 참일 때, 실수 a의 값의 범위는? [3.7점]

① $-4\le a<3$ ② $-4<a\le 3$ ③ $-3\le a\le 3$
④ $-3\le a<1$ ⑤ $-3<a\le 1$

11

실수 전체의 집합에 대하여 명제

'어떤 실수 x에 대하여 $x^2-16x+2k<0$'

의 부정이 참이 되도록 하는 상수 k의 최솟값은? [3.7점]

① 30 ② 32 ③ 34
④ 36 ⑤ 38

12

전체집합 U에 대하여 세 조건 p, q, r의 진리집합을 각각 P, Q, R라 하자. 명제 $p \longrightarrow q$, $\sim p \longrightarrow q$, $\sim p \longrightarrow r$가 참일 때, 〈보기〉에서 옳은 것만을 있는 대로 고른 것은? [3.7점]

보기

ㄱ. $Q-R^C=R$ ㄴ. $P-R=\varnothing$
ㄷ. $Q-P\subset R$

① ㄱ ② ㄷ ③ ㄱ, ㄷ
④ ㄴ, ㄷ ⑤ ㄱ, ㄴ, ㄷ

● 〈제발 복사는~~ T.T〉 교재의 문항에 대한 저작권을 지켜주세요~

아름다운샘

13

두 실수 x, y에 대하여 (가), (나)에 알맞은 것은? [4점]

- $x\geq1$이고 $y\geq1$는 $xy\geq1$이기 위한 [(가)] 조건이다.
- $x^2+y^2=0$은 $|x|+|y|=0$이기 위한 [(나)] 조건이다.

	(가)	(나)
①	충분	필요
②	필요	충분
③	필요	필요충분
④	충분	필요충분
⑤	필요충분	필요

14

실수 x에 대하여 조건 $p : x^2-4x-5<0$이 조건 $q : x^2-(a+5)x+5a\leq0$이기 위한 충분조건일 때, 실수 a의 값의 범위는? [4점]

① $a\leq-1$　② $a<-1$　③ $0<a<1$
④ $a>1$　⑤ $1<a<5$

15

다음은 a, b가 실수일 때, 부등식 $a^2+ab+b^2\geq0$이 성립함을 증명하는 과정이다. (가), (나)에 알맞은 것을 순서대로 적은 것은? [4점]

증명

$a^2+ab+b^2=\left(a+\frac{b}{2}\right)^2+$ [(가)]

이때, $\left(a+\frac{b}{2}\right)^2\geq0$, [(가)] ≥0이므로

$a^2+ab+b^2\geq0$ (단, 등호는 [(나)] 일 때 성립한다.)

① $\frac{1}{4}b^2$, $a=-b$　② $\frac{1}{4}b^2$, $a=b=0$
③ $\frac{3}{4}b^2$, $a=-b$　④ $\frac{3}{4}b^2$, $a=b=0$
⑤ b^2, $a=b=0$

16

▶ 유튜브 강의

어떤 반 학생 30명을 대상으로 수영 능력을 조사하였더니 배영을 할 수 있는 학생은 21명, 평영을 할 수 있는 학생은 15명이었다. 배영과 평영을 모두 할 수 있는 학생 수를 x라 할 때, x의 최댓값과 최솟값의 합은? [4점]

① 18　② 19　③ 20
④ 21　⑤ 22

아름다운샘

17

유튜브 강의

집합 $A=\{x \mid x$는 7 이하의 자연수$\}$의 공집합이 아닌 부분집합 X에 대하여 집합 X의 모든 원소의 합을 $S(X)$라 하자.
집합 X가 다음 조건을 만족시킬 때, $S(X)$의 최댓값은? [4점]

(가) $X \cap \{1, 2, 3\}=\{2\}$
(나) $S(X)$의 값은 홀수이다.

① 11 ② 13 ③ 15
④ 17 ⑤ 19

18

유튜브 강의

집합 $S=\{1, 3, 5, 7\}$의 부분집합 중 원소가 2개 이상인 모든 집합에 대하여 각 집합의 가장 작은 원소를 모두 더한 값은? [4점]

① 21 ② 24 ③ 27
④ 30 ⑤ 33

※ 다음은 서술형 문제입니다. 서술형 답안지에 풀이 과정과 답을 정확하게 서술하시오.

서술형 주관식

19

두 집합 A, B에 대하여

$n(A)=13$, $n(B)=9$, $n(A \cup B)=16$

일 때, $n(A \cap B)$의 값을 구하시오. [6점]

20

점 $\mathrm{A}(5, 1)$을 x축에 대하여 대칭이동한 점을 B, 직선 $y=x$에 대하여 대칭이동한 점을 C라 할 때, 삼각형 ABC의 넓이를 구하시오. [6점]

● 선생님! 저작권을 지켜주셔서 감사합니다~

아름다운샘

21 ▶유튜브 강의

$x>3$일 때, $x^2+\dfrac{49}{x^2-9}$의 최솟값을 구하시오. [6점]

22

다음 명제가 참임을 그 대우를 써서 증명하시오. [8점]

a, b가 실수일 때, $a^2+b^2=0$이면 $a=0$, $b=0$이다.

23 ▶유튜브 강의

자연수 n에 대하여 집합 A_n을

$$A_n=\{x\,|\,-2n+1\le x\le 3n-2\}$$

라 하고, 집합 A를 $A=A_1\cup A_2\cup\cdots\cup A_n$이라 하자. 집합 A에 속하는 정수인 원소의 개수가 43일 때, 자연수 n의 값을 구하시오. [8점]

20○○학년도 1학년 2학기 중간고사 (2회)

수 학

범위: 도형의 이동 ~ 명제의 증명

대상	1학년	고사일시	20 년 월 일	과목코드	02	시간	50분	점수	/100점

- 답안지에 필요한 인적 사항을 정확히 기입할 것.
- 객관식 문제의 답안 표기는 OMR카드에 반드시 컴퓨터용 사인펜을 사용하여 기입할 것.
- 주관식 문제의 답안 표기는 반드시 검은색 펜을 사용할 것.

객관식

01

x, y가 실수일 때, 참인 명제는? [3.3점]

① $x^2=1$이면 $x=1$이다.
② $x^2>1$이면 $x<-1$이다.
③ x가 9의 배수이면 x는 3의 배수이다.
④ $x+y\geq 2$이면 $x\geq 1$이고 $y\geq 1$이다.
⑤ $x+y$가 짝수이면 x, y는 모두 짝수이다.

02

두 집합

$A=\{x|x$는 10보다 작은 3의 배수$\}$,
$B=\{x|x$는 n 이하의 자연수$\}$

에 대하여 $n(A)+n(B)=11$일 때, 자연수 n의 값은? [3.3점]

① 5 ② 6 ③ 7
④ 8 ⑤ 9

03

두 집합 $A=\{1, 4, a^2+1\}$, $B=\{2, a, b-1\}$에 대하여 $A=B$일 때, 두 상수 a, b에 대하여 $a+b$의 값은? [3.3점]

① 4 ② 5 ③ 6
④ 7 ⑤ 8

04

전체집합 U의 두 부분집합 A, B에 대하여 $A\cap B=A$일 때, 〈보기〉에서 옳은 것만을 있는 대로 고른 것은? [3.3점]

보기

ㄱ. $B\subset A$ ㄴ. $A\cup B=B$
ㄷ. $A\cap B^C=\varnothing$ ㄹ. $A^C\subset B^C$

① ㄱ, ㄴ ② ㄴ, ㄷ ③ ㄷ, ㄹ
④ ㄱ, ㄴ, ㄹ ⑤ ㄴ, ㄷ, ㄹ

● 저작권법을 준수하는 아름다운샘~

아름다운샘

05

전체집합 U의 두 부분집합 A, B에 대하여 $A \subset B$일 때, 다음 중 집합 $\{(A-B) \cup B^C\} \cap A^C$과 같은 것은? [3.3점]

① $\varnothing$　② A　③ B
④ A^C　⑤ B^C

06

자연수 n에 대하여 집합 A_n을

$A_n=\{x \mid x$는 n의 양의 약수$\}$

로 정의할 때, 〈보기〉에서 옳은 것만을 모두 고르면? [3.3점]

보기
ㄱ. $A_4 \subset A_8$　ㄴ. $A_4 \cap A_6 = A_2$
ㄷ. $A_4 \cup A_6 = A_{12}$

① ㄱ　② ㄴ　③ ㄷ
④ ㄱ, ㄴ　⑤ ㄴ, ㄷ

07

집합 $A=\{1, 2, 3, 4\}$의 부분집합 중에서 원소의 개수가 2인 집합들의 원소의 총합은? [3.7점]

① 20　② 30　③ 40
④ 50　⑤ 60

08

두 집합 A, B는 서로소이고 $A=\{x \mid x^2-6x+8=0\}$, $A \cup B=\{2, 4, 6, 8, 10\}$일 때, 집합 B의 모든 원소의 합은? [3.7점]

① 24　② 26　③ 28
④ 30　⑤ 32

아름다운샘

09

세 조건 p, q, r에 대하여 p는 r이기 위한 충분조건, $\sim r$는 q이기 위한 필요조건일 때, 다음 명제 중 항상 참인 것은? [3.7점]

① $p \longrightarrow q$ ② $q \longrightarrow p$ ③ $p \longrightarrow \sim q$
④ $\sim q \longrightarrow p$ ⑤ $\sim r \longrightarrow q$

10

전체집합 U에 대하여 두 조건 p, q의 진리집합을 각각 P, Q라 하자. 명제 $p \longrightarrow \sim q$가 참일 때, 다음 중 항상 옳은 것은? [3.7점]

① $P \subset Q$ ② $Q \subset P$ ③ $P^C \subset Q$
④ $P \cap Q = \varnothing$ ⑤ $P \cup Q = U$

11

점 $(7,\ -2)$를 x축의 방향으로 a만큼, y축의 방향으로 b만큼 평행이동한 점의 좌표가 $(5, 3)$일 때, ab의 값은? [3.7점]

① -10 ② -5 ③ -3
④ 5 ⑤ 10

12

원 $(x-3)^2+(y+2)^2=8$을 점 $\mathrm{P}(1, 2)$에 대하여 대칭이동하였더니 $(x-a)^2+(y-b)^2=8$이 되었다. 두 상수 a, b에 대하여 $a+b$의 값은? [3.7점]

① 1 ② 2 ③ 3
④ 4 ⑤ 5

● 〈제발 복사는~~ T.T〉 교재의 문항에 대한 저작권을 지켜주세요~

아름다운샘

13

▶ 유튜브 강의

좌표평면 위에 직선 $y=x$ 위의 한 점 P가 있다. 점 P에서 점 A(5, 3)과 점 B(9, 5)에 이르는 거리의 합 $\overline{AP}+\overline{BP}$의 값이 최소일 때, 삼각형 ABP의 넓이는? [4점]

① 3　② $\frac{7}{2}$　③ 4　④ $\frac{9}{2}$　⑤ 5

14

원 $(x-2)^2+(y-2)^2=4$ 위를 움직이는 점 P(x, y)를 직선 $y=x$에 대하여 대칭이동한 점을 Q라 하자. 점 P, Q에서 x축에 내린 수선의 발을 각각 P′, Q′이라 할 때, $|\overline{PP'}-\overline{QQ'}|$의 최댓값은? [4점]

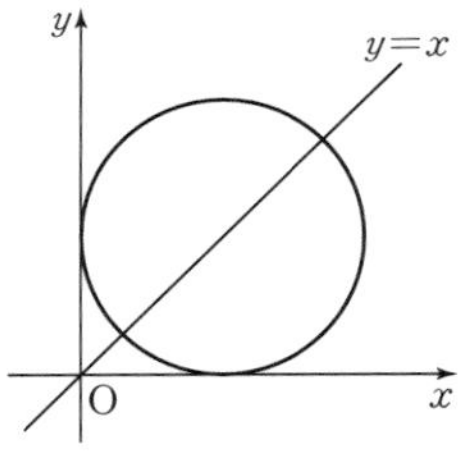

① $\sqrt{3}$　② $2\sqrt{2}$　③ $2\sqrt{3}$　④ $3\sqrt{2}$　⑤ $3\sqrt{6}$

15

전체집합 $U=\{0, 1, 2, 3\}$에서 정의된 두 조건 p, q의 진리집합을 각각 P, Q라고 할 때,

$P=\{x\,|\,(x-1)(x-3)\neq 0,\ x\in U\}$,

$Q=\{x\,|\,ax-18=0,\ a\neq 0,\ x\in U\}$

이다. p가 q이기 위한 필요조건일 때, 상수 a의 값은?

(단, $Q\neq\varnothing$) [4점]

① 1　② 2　③ 3　④ 6　⑤ 9

16

다음은 두 자연수 a, b에 대하여 명제
'a, b가 서로소이면 a, b가 모두 짝수인 것은 아니다.'가 참임을 증명한 것이다.

증명

a와 b가 모두 (가) 라고 가정하면
$a=2k$, $b=2l$ (k, l은 자연수)
로 나타낼 수 있다. 그러면 2는 a와 b의 (나) 이다.
이것은 a와 b가 서로소라는 가정에 모순이다.
따라서 주어진 명제는 참이다.

위의 증명에서 (가), (나)에 알맞은 것을 순서대로 적은 것은? [4점]

① 짝수, 공배수　② 짝수, 공약수
③ 짝수, 서로소　④ 홀수, 공배수
⑤ 홀수, 공약수

아름다운샘

17

▶유튜브 강의

집합 $S=\{a, b, c\}$의 부분집합을 원소로 갖는 집합 X가 다음 두 조건을 만족한다.

> (가) $A\in X$이면 $S-A\in X$
> (나) $A\in X$, $B\in X$이면 $A\cup B\in X$

이때, 집합 X의 개수는? (단, $X\neq\varnothing$) [4점]

① 2 ② 3 ③ 4
④ 5 ⑤ 6

18

▶유튜브 강의

$a^2+b^2=4$, $x^2+y^2=9$일 때, $ab+xy$의 최솟값을 m, $ax+by$의 최댓값을 M이라 하자. 이때, $m+M$의 값은?

(단, a, b, x, y는 실수이다.) [4점]

① $-\frac{1}{2}$ ② 0 ③ 1
④ $\frac{3}{2}$ ⑤ 2

※ 다음은 서술형 문제입니다. 서술형 답안지에 풀이 과정과 답을 정확하게 서술하시오.

서술형 주관식

19

두 조건 p: $|x-a|<2$, q: $-2<x<4$에 대하여 명제 $p \longrightarrow q$가 참이 되도록 하는 모든 정수 a의 값의 합을 구하시오. [6점]

20

40명의 학생이 수학경시와 논술경시 중 적어도 한 과목을 신청해야 한다고 한다. 수학경시를 신청한 학생이 26명, 논술경시를 신청한 학생이 22명일 때, 수학경시만 신청한 학생 수를 구하시오. [6점]

● 선생님! 저작권을 지켜주셔서 감사합니다~

아름다운샘

21

a, b가 실수일 때, 다음 부등식이 성립함을 증명하시오. [6점]

$$a^2+2ab+2b^2\geq 0$$

22

유튜브 강의

x에 대한 이차부등식 $ax^2+4x-a-5<0$이 절대부등식이 되도록 하는 실수 a의 값의 범위를 구하시오. [8점]

23

유튜브 강의

두 집합 $A=\{1, 2, 3, 4\}$, $B=\{4, 5\}$에 대하여

$$(A\cup B)\cap X=X,\ (A-B)\cup X=X$$

를 모두 만족하는 집합 X를 각각 X_1, X_2, $\cdots$, X_n이라 하고, 집합 X_n의 원소의 총합을 $S(X_n)$이라 하자. 이때, $S(X_1)+S(X_2)+\cdots+S(X_n)$의 값을 구하시오. [8점]

아름다운샘

아름다운샘

20○○학년도 1학년 2학기 중간고사 (3회)

수 학

범위: 도형의 이동 ~ 명제의 증명

대상	1학년	고사일시	20 년 월 일	과목코드	03	시간	50분	점수	/100점

- 답안지에 필요한 인적 사항을 정확히 기입할 것.
- 객관식 문제의 답안 표기는 OMR카드에 반드시 컴퓨터용 사인펜을 사용하여 기입할 것.
- 주관식 문제의 답안 표기는 반드시 검은색 펜을 사용할 것.

객관식

01

두 집합 $A=\{2,\ 4,\ 8\}$, $B=\{x,\ x+4,\ y\}$에 대하여 $A=B$일 때, xy의 값은? (단, x, y는 정수이다.) [3.3점]

① 6 ② 8 ③ 10
④ 12 ⑤ 14

02

두 집합 $A=\{-1, 0, 2\}$, $B=\{1, 3, 5\}$에 대하여 집합 S를

$$S=\{a+b\,|\,a\in A,\ b\in B\}$$

로 정의할 때, 집합 S의 모든 원소의 합은? [3.3점]

① 18 ② 20 ③ 22
④ 24 ⑤ 26

03

집합 $A=\{1, 2, 3, 4, 5\}$의 부분집합 중에서 1, 5는 반드시 포함하고 2는 포함하지 않는 부분집합의 개수는? [3.3점]

① 2 ② 4 ③ 8
④ 16 ⑤ 32

04

두 집합 $A=\{a, 2\}$, $B=\{7, b\}$에 대하여 $A\cup B=\{2, 3, 7\}$이고, $A\cap B=\{2\}$일 때, 두 실수 a, b에 대하여 ab의 값은? [3.3점]

① 6 ② 9 ③ 14
④ 21 ⑤ 30

● 저작권법을 준수하는 아름다운샘~

아름다운샘

05

전체집합 U의 두 부분집합 A, B가 $A\cap B^C=\varnothing$을 만족할 때, 다음 중 항상 성립하는 것은? [3.3점]

① $B\subset A$　② $A^C\subset B^C$　③ $A\cap B=A$
④ $A\cup B=A$　⑤ $A\cup B^C=U$

06

전체집합 $U=\{x\,|\,x$는 10 이하의 자연수$\}$의 두 부분집합 $A=\{1, 2, 3, 6\}$, $B=\{1, 3, 5, 7, 9\}$에 대하여 집합 A^C-B^C의 모든 원소의 합은? [3.3점]

① 13　② 15　③ 17
④ 19　⑤ 21

07

두 집합 $A=\{1, 2, 3\}$, $B=\{2, 3, 4, 5, 6\}$에 대하여 다음을 만족시키는 집합 X의 개수는? [3.7점]

$$(A\cap B)\subset X\subset (A\cup B)$$

① 10　② 12　③ 14
④ 16　⑤ 18

08

어떤 학교의 운동부에는 야구부와 배구부가 있다. 야구부, 배구부에 속해 있는 학생은 각각 30명, 25명이고 양쪽에 다 속해 있는 학생은 15명이다. 야구부에만 속해 있는 학생 수는? [3.7점]

① 10　② 15　③ 20
④ 25　⑤ 30

아름다운샘

09

명제 '어떤 x에 대하여 $2 \le x < 4$이다.' 의 부정은? [3.7점]

① 모든 x에 대하여 $x \le 2$ 또는 $x \ge 4$이다.
② 모든 x에 대하여 $x < 2$ 또는 $x \ge 4$이다.
③ 어떤 x에 대하여 $x < 2$ 또는 $x \ge 4$이다.
④ 어떤 x에 대하여 $2 < x \le 4$이다.
⑤ 모든 x에 대하여 $2 \le x \le 4$이다.

10

명제

'$x^2-6x+8 \ne 0$이면 $x-a \ne 0$이다.'

가 참이 되기 위한 모든 상수 a의 값의 합은? [3.7점]

① 6 ② 7 ③ 8
④ 9 ⑤ 10

11

두 실수 a, b에 대하여 p는 q이기 위한 충분조건이지만 필요조건이 아닌 것만을 〈보기〉에서 있는 대로 고른 것은? [3.7점]

보기

ㄱ. $p: ab>0$ $q: |a+b|=|a|+|b|$
ㄴ. $p: a+b \ge 2$ $q: a \ge 1$ 또는 $b \ge 1$
ㄷ. $p: |a+b|=|a-b|$ $q: a^2+ab+b^2 \le 0$

① ㄱ ② ㄷ ③ ㄱ, ㄴ
④ ㄴ, ㄷ ⑤ ㄱ, ㄴ, ㄷ

12

원 $x^2+y^2-4x+2y+3=0$을 x축의 방향으로 -3만큼, y축의 방향으로 5만큼 평행이동한 원의 방정식이
$x^2+y^2+ax-8y+b=0$일 때, $a+b$의 값은?

(단, a, b는 상수이다.) [3.7점]

① 11 ② 13 ③ 15
④ 17 ⑤ 19

● 〈제발 복사는~~ T.T〉 교재의 문항에 대한 저작권을 지켜주세요~

13

평행이동 $(x, y) \longrightarrow (x+2, y-3)$에 의하여 원 $x^2+(y-1)^2=9$를 평행이동한 원이 직선 $3x-4y+k=0$과 서로 다른 두 점에서 만나도록 하는 실수 k의 값의 범위가 $m<k<n$일 때, $n-m$의 값은? [4점]

① 26　② 27　③ 28　④ 29　⑤ 30

14

좌표평면 위의 두 점 A(2, 5), B(5, 1)과 직선 $y=-1$ 위를 움직이는 점 P에 대하여 삼각형 PAB의 둘레의 길이의 최솟값은? [4점]

① 13　② $5+\sqrt{73}$　③ 14　④ $5+2\sqrt{22}$　⑤ 15

15

▶유튜브 강의

세 집합 A, B, C에 대하여 $A\cap B=\varnothing$이고 $n(A)=6$, $n(B)=5$, $n(C)=4$, $n(A\cup C)=8$, $n(B\cup C)=7$일 때, $n(A\cup B\cup C)$의 값은? [4점]

① 11　② 12　③ 13　④ 14　⑤ 15

16

▶유튜브 강의

조건 $x\le\alpha$는 조건 $x^2-3|x|\le 0$이기 위한 필요조건이고, 조건 $\beta\le x\le 0$은 조건 $x^2-3|x|\le 0$이기 위한 충분조건이라고 한다. $|\alpha-\beta|$의 최솟값은? [4점]

① 1　② 2　③ 3　④ 4　⑤ 5

아름다운샘

17

다음은 두 실수 a, b에 대하여 부등식 $|a+b| \leq |a|+|b|$가 성립함을 증명하는 과정이다.

증명

$|a+b|^2-(|a|+|b|)^2$

$=($ (가) $+2ab)-(a^2+b^2+2$ (나) $)$

$=2($ (다) $)$

이때, $|ab| \geq ab$이므로 $2($ (다) $) \leq 0$

$\therefore |a+b|^2 \leq (|a|+|b|)^2$

그런데 $|a+b| \geq 0$, $|a|+|b| \geq 0$이므로

$|a+b| \leq |a|+|b|$ (단, 등호는 $ab \geq 0$일 때 성립한다.)

위의 증명에서 (가), (나), (다)에 알맞은 것을 순서대로 적은 것은? [4점]

① a^2-b^2, $|a||b|$, $ab-|a||b|$
② a^2-b^2, $|a||b|$, $ab+|a||b|$
③ a^2+b^2, $|a||b|$, $ab+|a||b|$
④ a^2+b^2, $|a||b|$, $ab-|a||b|$
⑤ a^2+b^2, ab, $ab-|a||b|$

18

유튜브 강의

$a>0$, $b>0$, $c>0$일 때,

$\dfrac{b+c}{a}+\dfrac{4c+4a}{b}+\dfrac{9a+9b}{c}$의 최솟값은? [4점]

① 16 ② 18 ③ 20
④ 22 ⑤ 24

※ 다음은 서술형 문제입니다. 서술형 답안지에 풀이 과정과 답을 정확하게 서술하시오.

서술형 주관식

19

전체집합 $U=\{x|x$는 자연수$\}$에 대하여 다음 두 조건 p, q의 진리집합을 각각 P, Q라 할 때, $P-Q$의 모든 원소의 합을 구하시오. [6점]

p : x는 12의 약수이다.　　　q : $x^2+8=6x$

20

대우를 이용하여 다음 명제를 증명하시오. [6점]

$ab \neq 0$이면 $a \neq 0$이고 $b \neq 0$이다.

● 선생님! 저작권을 지켜주셔서 감사합니다~

아름다운샘

21

세 집합

$A=\{x\mid x^2-3x-4<0\}$,

$B=\{x\mid a\le x\le b\}$,

$C=\{x\mid x^2-3x\le 0\}$

에 대하여 $C\subset B\subset A$가 성립한다. 두 정수 a, b에 대하여 $a+b$의 값을 구하시오. [6점]

22

▶ 유튜브 강의

전체집합 $U=\{x\mid x$는 10 이하의 자연수$\}$의 두 부분집합 A, B에 대하여 집합 A의 원소들의 합을 $S(A)$, 집합 B의 원소들의 합을 $S(B)$라 하자. $A\cup B=U$, $A\cap B=\{2, 3\}$일 때 $S(A)$, $S(B)$에 대하여 $S(A)S(B)$의 최댓값을 구하시오. [8점]

23

▶ 유튜브 강의

원 $x^2+y^2=20$ 위의 점 P가 있다. 점 P를 x축의 방향으로 -4만큼 평행이동한 후 y축에 대하여 대칭이동한 점을 Q라 하자. 두 점 A$(-12, 0)$, B$(0, 6)$에 대하여 삼각형 ABQ의 넓이가 최대일 때, 삼각형 ABP의 넓이를 구하시오. [8점]

20○○학년도 1학년 2학기 중간고사 (4회)

수 학

범위: 도형의 이동 ~ 명제의 증명

대상	1학년	고사일시	20 년 월 일	과목코드	04	시간	50분	점수	/100점

- 답안지에 필요한 인적 사항을 정확히 기입할 것.
- 객관식 문제의 답안 표기는 OMR카드에 반드시 컴퓨터용 사인펜을 사용하여 기입할 것.
- 주관식 문제의 답안 표기는 반드시 검은색 펜을 사용할 것.

객관식

01

집합 $A=\{x|x$는 8의 약수$\}$일 때, 〈보기〉에서 옳은 것만을 있는 대로 고른 것은? [3.3점]

보기

ㄱ. $\varnothing\subset A$　　ㄴ. $4\in A$　　ㄷ. $\{6\}\subset A$

ㄹ. $\{1, 8\}\in A$　　ㅁ. $A\subset A$

① ㄱ, ㄴ　② ㄱ, ㄷ　③ ㄴ, ㅁ　④ ㄱ, ㄴ, ㅁ　⑤ ㄱ, ㄴ, ㄷ, ㄹ

02

두 집합 $A=\{a-1, a^2+3, 10\}$, $B=\{2a+3, 1\}$에 대하여 $B\subset A$가 성립할 때, 실수 a의 값은? [3.3점]

① 1　② 2　③ 3　④ 4　⑤ 5

03

전체집합 U의 두 부분집합 A, B에 대하여 $(A-B)\cup(A-B^C)$을 간단히 하면? [3.3점]

① A　② B　③ $A\cap B$　④ $A^C\cap B^C$　⑤ $A^C\cup B^C$

04

집합 $A=\{2, 4, 6, 8\}$의 부분집합 중 원소 2, 8을 반드시 포함하는 부분집합의 개수는? [3.3점]

① 2　② 4　③ 8　④ 16　⑤ 32

● 저작권법을 준수하는 아름다운샘~

아름다운샘

05

전체집합 $U=\{1, 2, 3, 4, 5, 6, 7, 8\}$의 두 부분집합 $A=\{2, 8\}$, $B=\{3, 4, 5\}$에 대하여

$$X\cup A=X,\ X\cap B^C=X$$

를 만족시키는 집합 X의 개수는? [3.3점]

① 2　② 4　③ 8　④ 16　⑤ 32

06

두 집합 A, B에 대하여 $n(A\cup B)=9$, $n(A\cap B)=3$일 때, $n(A)n(B)$의 최댓값은? [3.3점]

① 35　② 36　③ 37　④ 38　⑤ 39

07

명제 '$-3\le x\le a$이면 $x\le 3$이다.'가 참이 되도록 하는 실수 a의 값의 범위는? [3.7점]

① $a>3$　② $a\ge 3$　③ $-3<a<3$　④ $-3\le a\le 3$　⑤ $a<3$

08

전체집합 $U=\{1, 2, 3, 4, 5\}$이고, $x\in U$, $y\in U$일 때, 다음 중 참이 아닌 것은? [3.7점]

① 모든 x에 대하여 $x+3<9$이다.
② 어떤 x에 대하여 $x^2-9=0$이다.
③ 어떤 x에 대하여 $x^2>4$이다.
④ 모든 x, y에 대하여 $x^2+y^2<52$이다.
⑤ 어떤 x, y에 대하여 $x^2+y^2<2$이다.

아름다운샘

09

다음 명제의 역이 참이 되는 것은? (단, a, b, x는 실수이다.) [3.7점]

① $a>b$이면 $a^2>b^2$이다.
② $x=-2$이면 $x^2=4$이다.
③ $a=0$이고 $b=0$이면 $ab=0$이다.
④ $a<0$이고 $b<0$이면 $a+b<0$이고 $ab>0$이다.
⑤ x가 4의 약수이면 x는 12의 약수이다.

10

전체집합 U에서 두 조건 p, q의 진리집합을 각각 P, Q라 할 때, $P^C \cup Q^C = U$가 성립한다. 다음 중 항상 참인 명제는? [3.7점]

① $p \longrightarrow q$ ② $q \longrightarrow p$ ③ $\sim p \longrightarrow q$
④ $q \longrightarrow \sim p$ ⑤ $\sim p \longrightarrow \sim q$

11

다음 (가), (나)에 들어갈 알맞은 말은? [3.7점]

> 전체집합 U의 두 부분집합 A, B에 대하여 $A \cup B = U$는 $A = B^C$이 되기 위한 [(가)] 조건, $A \cup B = U$이고 $A \cap B = \varnothing$은 $A = B^C$이 되기 위한 [(나)] 조건이다.

① (가) : 필요, (나) : 충분
② (가) : 필요, (나) : 필요
③ (가) : 필요, (나) : 필요충분
④ (가) : 충분, (나) : 필요
⑤ (가) : 충분, (나) : 필요충분

12

점 $\mathrm{P}(a, 2)$를 x축의 방향으로 -3만큼, y축의 방향으로 5만큼 평행이동한 후, 다시 원점에 대하여 대칭이동한 점의 좌표가 $(5, b)$일 때, $a-b$의 값은? [3.7점]

① 1 ② 3 ③ 5
④ 7 ⑤ 9

● 〈제발 복사는~~ T.T〉 교재의 문항에 대한 저작권을 지켜주세요~

아름다운샘

13

포물선 $y=x^2-2x+3$을 x축의 방향으로 1만큼, y축의 방향으로 -1만큼 평행이동한 포물선의 꼭짓점의 좌표는 (a, b)이다. $a+b$의 값은? [4점]

① 1 ② 2 ③ 3 ④ 4 ⑤ 5

14

▶ 유튜브 강의

두 집합 A, B에 대하여

$$A=\{a^2, a+2\}, B=\{a+6, a^2-5, a^2+2a\}$$

일 때, $A\cap B=A$를 만족시키는 정수 a에 대하여 $A\cup B$의 모든 원소의 합은? [4점]

① -3 ② -2 ③ -1 ④ 2 ⑤ 3

15

집합 $A=\{x\,|\,-4\le x\le 4,\ x$는 정수$\}$의 부분집합 중에서 임의로 하나를 택할 때, 그 부분집합이 집합 $B=\{1, 2, 3, 4\}$와 서로소일 확률은 $\frac{b}{a}$이다. $a+b$의 값은?

(단, a, b는 서로소인 자연수이다.) [4점]

① 15 ② 16 ③ 17 ④ 18 ⑤ 19

16

▶ 유튜브 강의

이차부등식 $(k-1)x^2-kx+2\ge 0$이 모든 실수 x에 대하여 항상 성립하도록 하는 실수 k의 값의 범위를 $\alpha\le k\le\beta$라고 할 때, $\beta-\alpha$의 값은? [4점]

① 2 ② $2\sqrt{2}$ ③ 4 ④ $4\sqrt{2}$ ⑤ 8

아름다운 샘

17

다음은 명제 'a, b가 자연수일 때, ab가 짝수이면 a 또는 b가 짝수이다.'를 증명한 것이다.

증명

주어진 명제의 대우는
'a, b가 자연수일 때, a, b가 모두 홀수이면 ab도 홀수이다.'
이므로 여기서 a, b를
$a=2k+1$, $b=2l+1$ (k, l은 0 또는 자연수)
로 놓으면

$$\begin{aligned} ab &= (2k+1)(2l+1) \\ &= 4kl+2k+2l+1 \\ &= 2(2kl+k+l)+1 \end{aligned}$$

$2kl+k+l$은 0 또는 (가) 이므로 ab는 (나) 이다.
따라서 주어진 명제의 대우가 (다) 이므로 주어진 명제도 (다) 이다.

위의 증명에서 (가), (나), (다)에 알맞은 것을 순서대로 적은 것은? [4점]

① 짝수, 정수, 참　② 홀수, 짝수, 거짓
③ 홀수, 홀수, 거짓　④ 자연수, 짝수, 참
⑤ 자연수, 홀수, 참

18

두 실수 x, y가 $x^2+y^2=10$을 만족시킬 때, $x+3y$의 최댓값을 M, 최솟값을 m이라고 한다. $M-m$의 값은? [4점]

① 20　② 25　③ 30
④ 35　⑤ 40

※ 다음은 서술형 문제입니다. 서술형 답안지에 풀이 과정과 답을 정확하게 서술하시오.

서술형 주관식

19

두 집합

$A=\{xy \mid x=1,\ 2,\ y=3,\ 4,\ 5\}$, $B=\{3,\ 6,\ 8,\ a,\ b,\ 2b\}$

에 대하여 $A=B$일 때, $a+b$의 값을 구하시오.

(단, a, b는 상수이다.) [6점]

20

점 $(4,\ -1)$을 x축에 대하여 대칭이동한 후, 직선 $y=x$에 대하여 대칭이동한 것을 다시 x축의 방향으로 -2만큼 평행이동하였더니 직선 $y=ax+3$ 위의 점이 되었다. 상수 a의 값을 구하시오. [6점]

● 선생님! 저작권을 지켜주셔서 감사합니다~

21

유튜브 강의

90명의 학생을 대상으로 방학 기간 중 실시되는 특강에 대한 희망조사를 하였더니 국어 영역을 52명, 수학 영역을 56명, 영어 영역을 47명이 선택하였다. 이 중에서 국어 영역과 수학 영역을 모두 선택한 학생은 36명, 세 영역을 모두 선택한 학생은 20명이었다. 모든 학생들이 세 영역 중에서 적어도 하나의 영역을 선택하였다고 할 때, 영어 영역만 선택한 학생 수를 구하시오. [6점]

22

유튜브 강의

다음 부등식이 성립함을 증명하시오. [8점]

$|a-b| \ge |a|-|b|$ (단, a, b는 실수이다.)

23

유튜브 강의

실수 전체의 집합 U의 두 부분집합 A, B에 대하여

$$n(A)=5,\ B=\left\{\frac{x+a}{2}\,\middle|\,x\in A\right\}$$

이다. 두 집합 A, B가 다음 조건을 만족시킬 때, 상수 a의 값을 구하시오. [8점]

(가) 집합 A의 모든 원소의 합은 41이다.
(나) 집합 $A\cup B$의 모든 원소의 합은 65이다.
(다) $A\cap B=\{5, 9\}$

아름다운샘

아름다운샘

20○○학년도 1학년 2학기 중간고사 (5회)

수 학

범위: 도형의 이동 ~ 명제의 증명

대상	1학년	고사일시	20 년 월 일	과목코드	05	시간	50분	점수	/100점

- 답안지에 필요한 인적 사항을 정확히 기입할 것.
- 객관식 문제의 답안 표기는 OMR카드에 반드시 컴퓨터용 사인펜을 사용하여 기입할 것.
- 주관식 문제의 답안 표기는 반드시 검은색 펜을 사용할 것.

객관식

01

〈보기〉에서 집합이 될 수 <u>없는</u> 것만을 있는 대로 고른 것은? [3.3점]

보기
ㄱ. 1보다 크고 15보다 작은 짝수의 모임
ㄴ. 우리 학교에서 농구를 잘하는 학생의 모임
ㄷ. 1학년 2반에서 혈액형이 A형인 학생들의 모임
ㄹ. 작은 신발들의 모임

① ㄱ, ㄴ ② ㄴ, ㄷ ③ ㄴ, ㄹ
④ ㄱ, ㄴ, ㄹ ⑤ ㄱ, ㄷ, ㄹ

02

두 집합 $A=\{2,\ 2a+1,\ 4\}$, $B=\{3,\ 5,\ 3a+1\}$에 대하여 $A\cup B=\{2, 3, 4, 5, 7\}$일 때, 상수 a의 값은? [3.3점]

① 1 ② 2 ③ 3
④ 4 ⑤ 5

03

두 집합 A, B에 대하여

$$n(A)=15,\ n(B)=8,\ n(A\cup B)=20$$

일 때, $n(A\cap B^C)$의 값은? [3.3점]

① 12 ② 10 ③ 8
④ 6 ⑤ 4

04

두 집합 $A=\{-5,\ -1,\ 0,\ 6\}$, $B=\{x\,|\,-a<x<a\}$에 대하여 $A\subset B$를 만족시키는 자연수 a의 최솟값은? [3.3점]

① 4 ② 5 ③ 6
④ 7 ⑤ 8

● 저작권법을 준수하는 아름다운샘~

05

'모든 고등학생은 대학교에 진학한다.' 의 부정인 명제는? [3.3점]

① 대학교에 진학하는 고등학생은 없다.
② 어떤 고등학생은 대학교에 진학한다.
③ 대학교에 진학하지 않는 고등학생도 있다.
④ 모든 고등학생은 대학교에 진학하지 않는다.
⑤ 대학교에 진학하지 않는 고등학생은 없다.

06

전체집합 $U=\{1, 2, 3, 4, 5\}$에 대하여 조건 p가

$$p : x^2-x+5=3x+2$$

일 때, 조건 p의 진리집합은? [3.3점]

① $\{1\}$ ② $\{3\}$ ③ $\{1, 3\}$
④ $\{1, 2, 3\}$ ⑤ $\{1, 3, 5\}$

07

집합 $A=\{x | x$는 5 이상 20 이하의 3의 배수$\}$에 대하여 집합 X는 $\{6, 12\} \subset X \subset A$를 만족한다. 이때, 집합 X의 개수는? [3.7점]

① 2 ② 4 ③ 8
④ 16 ⑤ 32

08

세 집합 A, B, C에 대하여

$$A=\{x | -1 \leq x \leq 2\},$$
$$B=\{x | 0 \leq x \leq 2\},$$
$$C=\{x | 1 < x < 4\}$$

일 때, 집합 $(A \cup B) \cap (A \cup C)$는? [3.7점]

① $\{x | -1 \leq x < 2\}$ ② $\{x | -1 \leq x \leq 2\}$
③ $\{x | -1 \leq x < 4\}$ ④ $\{x | 0 \leq x < 1\}$
⑤ $\{x | 0 \leq x < 2\}$

아름다운샘

09

두 집합 $A=\{1, 2, 3, 4, 5\}$, $B=\{3, 4, 5, 6\}$에 대하여

$$A\cup X=A,\ (A\cap B^C)\cup X=X$$

를 동시에 만족시키는 집합 X의 개수는? [3.7점]

① 8 ② 7 ③ 6
④ 5 ⑤ 4

10

전체집합 U에 대하여 세 조건 p, q, r의 진리집합 P, Q, R의 포함 관계를 벤다이어그램으로 나타내면 그림과 같을 때, 다음 명제 중 항상 참인 것은? [3.7점]

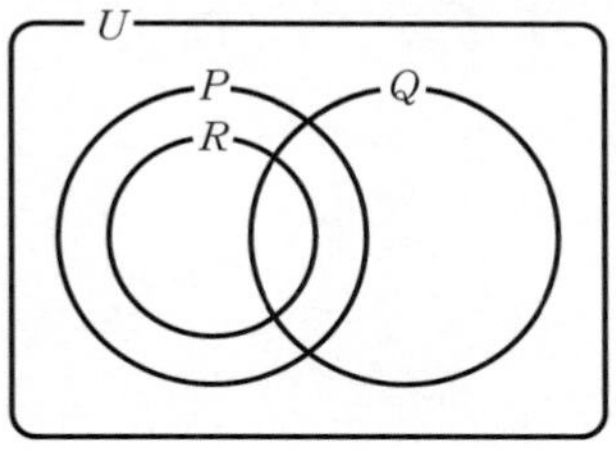

① $p \longrightarrow q$ ② $q \longrightarrow r$ ③ $r \longrightarrow \sim q$
④ $\sim r \longrightarrow \sim p$ ⑤ $\sim p \longrightarrow \sim r$

11

정수 x에 대하여 조건 p가 조건 q이기 위한 필요조건이지만 충분조건이 아닌 것만을 〈보기〉에서 있는 대로 고른 것은? [3.7점]

보기

ㄱ. $p: x=-3$ $q: x^2+x-6=0$
ㄴ. $p: x$는 16의 약수 $q: x$는 8의 약수
ㄷ. $p: x^2-4=0$ $q: |x|=2$

① ㄱ ② ㄴ ③ ㄱ, ㄴ
④ ㄱ, ㄷ ⑤ ㄴ, ㄷ

12

두 조건 p와 q가 다음과 같이 주어졌다.

$p: |x-1|<3$,
$q: a+1\le x\le b-2$

p가 q이기 위한 충분조건일 때, a의 최댓값과 b의 최솟값의 합은? [3.7점]

① -3 ② -1 ③ 0
④ 1 ⑤ 3

● 〈제발 복사는~~ T.T〉 교재의 문항에 대한 저작권을 지켜주세요~

아름다운샘

13

원 $x^2+y^2-2x+4y+4=0$을 x축에 대하여 대칭이동하면 직선 $y=mx$에 접한다고 할 때, 상수 m의 값은? [4점]

① $\frac{2}{3}$　② $\frac{3}{4}$　③ 1　④ $\frac{4}{3}$　⑤ $\frac{3}{2}$

14

직선 $y=2x-1$을 직선 $y=-x+3$에 대하여 대칭이동한 직선의 방정식이 $x-my+n=0$일 때, 두 상수 m, n에 대하여 $m+n$의 값은? [4점]

① 1　② 2　③ 3　④ 4　⑤ 5

15

▶ 유튜브 강의

$a+b=1$을 만족시키는 두 양수 a, b에 대하여 항상 부등식 $\frac{2}{a}+\frac{1}{2b}\geq k$가 성립할 때, 상수 k의 최댓값은? [4점]

① $\frac{5}{2}$　② 3　③ $\frac{7}{2}$　④ 4　⑤ $\frac{9}{2}$

16

다음은 $\sqrt{6}$이 무리수임을 이용하여 $\sqrt{2}+\sqrt{3}$도 무리수임을 증명한 것이다.

증명

$\sqrt{2}+\sqrt{3}$을 유리수라고 가정하면 어떤 유리수 r에 대하여
$\sqrt{2}+\sqrt{3}=r$이다.
이 등식의 양변을 제곱하면 $2+2\sqrt{6}+3=r^2$
$\therefore \sqrt{6}=\frac{r^2-5}{2}$ ······㉠
이때, 유리수에 대하여 사칙연산을 한 수는 다시 유리수이므로
㉠의 우변은 [(가)]이다.
이것은 $\sqrt{6}$이 [(나)]라는 사실에 모순이다.
따라서 $\sqrt{2}+\sqrt{3}$은 [(다)]이다.

위의 증명에서 (가), (나), (다)에 알맞은 것을 순서대로 적은 것은? [4점]

① 무리수, 유리수, 유리수　② 무리수, 유리수, 무리수
③ 유리수, 무리수, 유리수　④ 유리수, 무리수, 무리수
⑤ 유리수, 유리수, 무리수

아름다운 샘

17

유튜브 강의

전체집합 U의 두 부분집합 A, B가 다음 조건을 만족시킨다.

(가) $A\cap B\neq\varnothing$
(나) $A-(A\cap B^C)\neq B$
(다) $n(A)=9$, $n(B)=6$

$n(A\cup B)$의 최댓값을 M, 최솟값을 m이라 할 때, $M+m$의 값은? [4점]

① 24 ② 22 ③ 20
④ 18 ⑤ 16

18

유튜브 강의

자연수 n에 대하여 집합 A_n을

$$A_n=\left\{k \,\middle|\, \frac{n}{k}\text{은 자연수, } k=1, 2, 3, \cdots, n\right\}$$

이라 할 때, 옳은 것만을 〈보기〉에서 있는 대로 고른 것은?

(단, l, m은 자연수이다.) [4점]

보기

ㄱ. $A_2\subset A_4$
ㄴ. $A_n\cap A_{n+1}=A_n$
ㄷ. $lm=n$이면 $A_l\subset A_n$이고, $A_m\subset A_n$이다.

① ㄱ ② ㄴ ③ ㄱ, ㄷ
④ ㄴ, ㄷ ⑤ ㄱ, ㄴ, ㄷ

※ 다음은 서술형 문제입니다. 서술형 답안지에 풀이 과정과 답을 정확하게 서술하시오.

서술형 주관식

19

평행이동 $(x, y) \longrightarrow (x+m, y+n)$에 의하여 점 $(2, 3)$이 점 $(-1, 2)$로 옮겨질 때, 이 평행이동에 의하여 점 $(3, 4)$가 옮겨지는 점의 좌표를 구하시오. [6점]

20

다음 명제의 역과 대우를 말하고, 참, 거짓을 판별하시오. [6점]

$x>1$이고 $y>1$이면 $x+y>2$이다.

● 선생님! 저작권을 지켜주셔서 감사합니다~

아름다운샘

21

전체집합 $U=\{1, 2, 3, 4, 5\}$의 세 부분집합 $A=\{1, 2, 3, 4\}$, $B=\{1, 2\}$, $C=\{1, 3, 5\}$에 대하여 연산 ▲를

$$A▲B=(A-B)\cup(B-A)$$

라 할 때, 집합 $(A▲B)▲C$의 모든 원소의 합을 구하시오.

[6점]

22

유튜브 강의

a, b가 실수일 때, 부등식 $a^2+b^2\geq ab$가 성립함을 증명하시오. 또 등호는 $a=b=0$일 때에만 성립함을 보이시오. [8점]

23

유튜브 강의

전체집합 $U=\{x\,|\,x$는 $1\leq x\leq 200$인 자연수$\}$에 대하여 집합 U의 부분집합 A_k(k는 자연수)를 $A_k=\{x\,|\,x$는 k의 배수$\}$로 정의할 때, 집합 $A_2\cap(A_3\cup A_5)^C$의 원소의 개수를 구하시오.

[8점]

20○○학년도 1학년 2학기 중간고사 (6회)

수 학

범위: 도형의 이동 ~ 명제의 증명

대상	1학년	고사일시	20 년 월 일	과목코드	06	시간	50분	점수	/100점

- 답안지에 필요한 인적 사항을 정확히 기입할 것.
- 객관식 문제의 답안 표기는 OMR카드에 반드시 컴퓨터용 사인펜을 사용하여 기입할 것.
- 주관식 문제의 답안 표기는 반드시 검은색 펜을 사용할 것.

객관식

01

집합 $A=\{0, \varnothing, \{\varnothing\}\}$일 때, 다음 중 옳지 않은 것은? [3.3점]

① $\varnothing \in A$　② $\{0, \varnothing\} \subset A$　③ $\{\varnothing\} \in A$
④ $\{\varnothing\} \subset A$　⑤ $\{\{\varnothing\}\} \in A$

02

두 집합 $A=\{x \mid x$는 15의 약수$\}$, $B=\{1, 3, a-3, a+7\}$에 대하여 $A \subset B$, $B \subset A$일 때, 상수 a의 값은? [3.3점]

① 2　② 4　③ 6
④ 8　⑤ 10

03

집합 $A=\{x \mid x$는 15의 약수$\}$일 때, 집합 A의 부분집합 중 1은 포함하고, 5는 포함하지 않는 집합의 개수는? [3.3점]

① 1　② 2　③ 4
④ 8　⑤ 16

04

집합 $A=\{1, 2, 3, 4\}$이고, $(A \cup B)-(A \cap B)=\{3, 4, 5, 6\}$일 때, 집합 B의 모든 원소의 합은? [3.3점]

① 12　② 14　③ 16
④ 18　⑤ 20

● 저작권법을 준수하는 아름다운샘~

05

전체집합 U의 두 부분집합 A, B에 대하여 $A\subset B$일 때, 다음 중 항상 성립한다고 할 수 없는 것은? (단, $U\neq\varnothing$) [3.3점]

① $A\cup B=B$　② $A\cap B=A$
③ $(A\cap B)^C=B^C$　④ $B^C\subset A^C$
⑤ $A-B=\varnothing$

06

벤다이어그램에서 어두운 부분을 나타내는 집합은?
(단, U는 전체집합이다.) [3.3점]

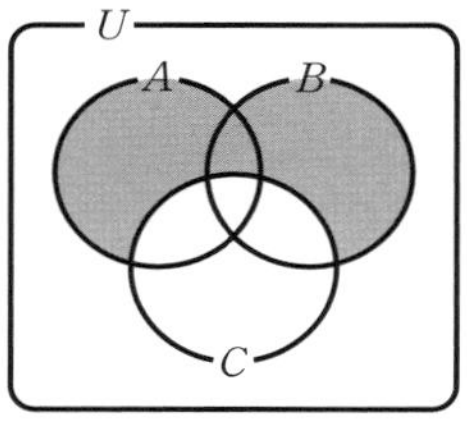

① $A\cap(B\cup C)$
② $(A\cap B)\cup C^C$
③ $(A\cup B)\cap C^C$
④ $(A\cup B)^C\cap C$
⑤ $(A\cap C^C)\cup B$

07

공집합이 아닌 집합 $A=\{x\mid a<x<b,\ x\text{는 정수}\}$에 대하여 $A\subset\{1, 2, 3, 4, 5\}$가 성립하도록 하는 정수 a, b의 순서쌍 (a, b)의 개수는? [3.7점]

① 15　② 20　③ 25
④ 30　⑤ 35

08

두 집합

$A=\{2, 3, 4, 5\}$, $B=\{4, 5, 6, 7, 8\}$

에 대하여 $(A-B)\subset X\subset(A\cup B)$를 만족시키는 집합 X의 개수는? [3.7점]

① 2　② 4　③ 8
④ 16　⑤ 32

아름다운 샘

09

두 조건 $p: a \le x \le 5$, $q: x \ge -2a-9$에 대하여 명제 $p \longrightarrow q$가 참이 되도록 하는 상수 a의 최솟값은? [3.7점]

① -5　② -3　③ -1
④ 1　⑤ 3

10

다음 명제 중에서 역과 대우가 모두 참인 것은?
(단, a, b, x는 실수) [3.7점]

① $|a|+|b|=0$이면 $a=0$이고 $b=0$이다.
② $ab \ne 6$이면 $a \ne 2$ 또는 $b \ne 3$이다.
③ $a+b$가 정수이면 ab도 정수이다.
④ 정사각형이면 평행사변형이다.
⑤ $x>5$이면 $x>10$이다.

11

전체집합 U에 대하여 세 조건 p, q, r의 진리집합을 각각 P, Q, R라 하면 $P \cup R = P$, $P \cap Q = \varnothing$이 성립한다. 이때, 다음 중 참인 명제는? (단, $U \ne \varnothing$) [3.7점]

① $p \longrightarrow q$　② $p \longrightarrow r$　③ $q \longrightarrow p$
④ $q \longrightarrow r$　⑤ $r \longrightarrow p$

12

〈보기〉에서 p가 q이기 위한 충분조건이지만 필요조건은 아닌 것만을 있는 대로 고른 것은? (단, x, y는 실수이다.) [3.7점]

보기

ㄱ. $p: x^4 = y^4$　　$q: x=y$
ㄴ. $p: x>1, y>1$　　$q: xy>1$
ㄷ. $p: x>0$　　$q: |x|=x$

① ㄱ　② ㄴ　③ ㄱ, ㄴ
④ ㄴ, ㄷ　⑤ ㄱ, ㄴ, ㄷ

● 〈제발 복사는~~ T.T〉 교재의 문항에 대한 저작권을 지켜주세요~

아름다운샘

13

좌표평면에서 점 $(-2, 4)$를 점 $(1, a)$로 옮기는 평행이동에 의하여 원 $x^2+y^2+8x-6y+21=0$이 원 $x^2+y^2+bx-10y+c=0$으로 옮겨질 때, $a+b+c$의 값은? (단, b, c는 상수이다.) [4점]

① 30 ② 28 ③ 26
④ 24 ⑤ 22

14

좌표평면 위의 점 $A(1, 3)$을 x축, y축에 대하여 대칭이동한 점을 각각 B, C라 하고, 점 $D(a, b)$를 x축에 대하여 대칭이동한 점을 E라 하자. 세 점 B, C, E가 한 직선 위에 있을 때, 직선 AD의 기울기는? (단, $a\neq\pm1$) [4점]

① -2 ② -1 ③ 1
④ 2 ⑤ 3

15

다음은 $a>0$, $b>0$일 때, 부등식 $\frac{a+b}{2}\geq\sqrt{ab}$를 증명하는 과정이다. (가)~(마) 안에 알맞은 것은? [4점]

증명

$$\frac{a+b}{2}-\sqrt{ab}=\frac{a+b-\boxed{(가)}}{2}$$
$$=\frac{(\sqrt{a})^2-2\sqrt{a}\sqrt{b}+\boxed{(나)}}{2}$$
$$=\frac{(\sqrt{a}-\boxed{(다)})^2}{2}\geq0$$

따라서 $\frac{a+b}{2}-\sqrt{ab}\geq\boxed{(라)}$이므로

$$\frac{a+b}{2}\geq\sqrt{ab}$$

여기서 등호가 성립하는 경우는 $\sqrt{a}-\sqrt{b}=0$,
즉 $\boxed{(마)}$일 때이다.

	(가)	(나)	(다)	(라)	(마)
①	$\sqrt{ab}$	$(\sqrt{b})^2$	b	0	$a=b$
②	$\sqrt{ab}$	$\sqrt{b}$	$\sqrt{b}$	1	$a=-b$
③	$2\sqrt{ab}$	$\sqrt{b}$	b	1	$a=-b$
④	$2\sqrt{ab}$	$(\sqrt{b})^2$	$\sqrt{b}$	0	$a=b$
⑤	$2\sqrt{ab}$	$(\sqrt{b})^2$	b	1	$a=b$

16

집합 $A=\{1, 2, 3, 4, 5\}$에 대하여 $n(A\cap B)=2$, $B-A=\varnothing$을 만족시키는 집합 B를 $B_1, B_2, \cdots, B_n$이라 하고 집합 B_k $(k=1, 2, 3, \cdots, n)$의 원소의 합을 a_k라 할 때, $a_1+a_2+a_3+\cdots+a_n$의 값은? [4점]

① 55 ② 60 ③ 65
④ 70 ⑤ 75

아름다운샘

17

▶ 유튜브 강의

직선 $y=\frac{1}{2}x-2$를 직선 $y=2x+1$에 대하여 대칭이동한 직선의 방정식을 $y=mx+n$이라 할 때, $m+n$의 값은?

(단, m, n은 상수이다.) [4점]

① $-\frac{39}{2}$ ② $-\frac{37}{2}$ ③ $-\frac{35}{2}$
④ $-\frac{33}{2}$ ⑤ $-\frac{31}{2}$

18

▶ 유튜브 강의

두 집합 X, Y에 대하여 $X\triangle Y$를

$$X\triangle Y=(X\cup Y)-(X\cap Y)$$

라 정의하자. 세 집합 A, B, C가 $n(A\cap B\cap C)=10$, $n(A\cup B\cup C)=75$를 만족시킬 때, $n(A\triangle B)+n(B\triangle C)+n(C\triangle A)$의 값은? [4점]

① 110 ② 120 ③ 130
④ 140 ⑤ 150

※ 다음은 서술형 문제입니다. 서술형 답안지에 풀이 과정과 답을 정확하게 서술하시오.

서술형 주관식

19

조건 '$-1<x\leq 3$' 의 부정을 말하시오. [6점]

20

▶ 유튜브 강의

전체집합 U의 두 부분집합 A, B에 대하여

$$n(U)=30,\ n(B-A)=10,\ n(A^C\cap B^C)=6$$

일 때, $n(A)$의 값을 구하시오. [6점]

● 선생님! 저작권을 지켜주셔서 감사합니다~

아름다운샘

21

▶ 유튜브 강의

$a>0$, $b>0$일 때, $(a+b)\left(\frac{1}{a}+\frac{1}{b}\right)$의 최솟값을 구하시오.

[6점]

22

다음 명제가 참임을 대우를 이용하여 증명하시오. [8점]

> 자연수 n에 대하여 n^2이 홀수이면 n도 홀수이다.

23

▶ 유튜브 강의

전체집합 $U=\{x|x$는 200 이하의 자연수$\}$에 대하여 집합 U의 원소를 4로 나눈 나머지가 k인 수의 집합을 A_k, 5로 나눈 나머지가 k인 수의 집합을 B_k라 하자.

$a\in A_1$, $b\in A_2$, $c\in A_3$일 때, $ab-c\in A_m$

$d\in B_2$, $e\in B_3$, $f\in B_4$일 때, $d-ef\in B_n$

을 만족하는 m, n에 대하여 집합 $A_m\cap B_n$의 원소의 개수를 구하시오. (단, $ab>c$, $d>ef$) [8점]

20○○학년도 1학년 2학기 중간고사 (7회)

수 학

범위: 도형의 이동 ~ 명제의 증명

대상	1학년	고사일시	20 년 월 일	과목코드	07	시간	50분	점수	/100점

• 답안지에 필요한 인적 사항을 정확히 기입할 것.
• 객관식 문제의 답안 표기는 OMR카드에 반드시 컴퓨터용 사인펜을 사용하여 기입할 것.
• 주관식 문제의 답안 표기는 반드시 검은색 펜을 사용할 것.

객관식

01

다음 중 참인 명제는? [3.3점]

① 소수이면 짝수이다.
② $2x+1=3-2x$
③ x가 4의 배수이면 x는 2의 배수이다.
④ $x+y\geq 0$이면 $x\geq 0$이고 $y\geq 0$이다.
⑤ xy가 짝수이면 x, y는 모두 짝수이다.

02

세 집합 $A=\{0, 1\}$, $B=\{x|x$는 20보다 작은 5의 배수$\}$, $C=\{x|x$는 1 이상 5 이하의 홀수$\}$에 대하여 $n(A)+n(B)+n(C)$의 값은? [3.3점]

① 6 ② 8 ③ 10
④ 12 ⑤ 14

03

두 집합 $A=\{1, 3, a+1\}$, $B=\{a-1, 4, 6\}$에 대하여 $A\cap B=\{3\}$일 때, 집합 A는? (단, a는 상수이다.) [3.3점]

① $\{1, 3\}$ ② $\{1, 2, 3\}$ ③ $\{1, 3, 4\}$
④ $\{1, 3, 5\}$ ⑤ $\{1, 3, 7\}$

04

두 집합 $A=\{-4, -1, 2, 5\}$, $B=\{x|-a<x<a\}$에 대하여 $A\subset B$를 만족시키는 자연수 a의 최솟값은? [3.3점]

① 2 ② 3 ③ 4
④ 5 ⑤ 6

● 저작권법을 준수하는 아름다운샘~

아름다운샘

05

점 $(4, 2)$를 점 $(2, 3)$으로 옮기는 평행이동에 의하여 점 (a, b)가 점 $(-1, -1)$로 옮겨질 때, $a+b$의 값은? [3.3점]

① -3　② -2　③ -1
④ 0　⑤ 1

06

전체집합 U의 공집합이 아닌 두 부분집합 A, B에 대하여 $\{(A-B)\cup(A\cap B)\}-B=\varnothing$이 성립할 때, 다음 중 항상 옳은 것은? [3.3점]

① $A\subset B$　② $B\subset A$　③ $A\cap B=\varnothing$
④ $A\cap B^C=U$　⑤ $A\cup B^C=\varnothing$

07

전체집합 $U=\{1, 2, 3, 4, 5, 6\}$의 두 부분집합 A, B에 대하여 $A=\{1, 2, 3\}$이고, $A^C\cup B^C=\{1, 2, 4, 5, 6\}$, $A^C\cap B^C=\{5\}$를 만족시키는 집합 B는? [3.7점]

① $\{2, 3, 4\}$　② $\{2, 4, 6\}$　③ $\{3, 4, 5\}$
④ $\{3, 4, 6\}$　⑤ $\{3, 4, 5, 6\}$

08

집합 $A=\{1, 2, 3, 4, 5\}$에 대하여 $\{3, 5\}\cap X=\{3, 5\}$이고, $X\cup A=A$를 만족하는 집합 X는 모두 몇 개인가? [3.7점]

① 2　② 4　③ 8
④ 16　⑤ 32

아름다운샘

09

어느 반 학생 40명을 대상으로 글짓기와 포스터 그리기의 희망자 수를 조사하였다. 그 결과 글짓기는 27명, 포스터 그리기는 10명이었고, 글짓기와 포스터 그리기를 모두 희망한 학생 수는 4명이었다. 글짓기 또는 포스터 그리기를 희망한 학생 수는? [3.7점]

① 27 ② 30 ③ 33
④ 36 ⑤ 39

10

$1<x<3$을 만족하는 모든 실수 x에 대하여 $a-1<x<a+2$가 참이 되게 하는 실수 a의 값의 범위는? [3.7점]

① $a\le1$ ② $1\le a\le2$ ③ $1<a<2$
④ $2\le a\le3$ ⑤ $a\ge2$

11

곡선 $y=x^2-3$을 x축에 대하여 대칭이동한 후, y축의 방향으로 a만큼 평행이동하면 직선 $y=2x+2$에 접하게 된다. 이때, 상수 a의 값은? [3.7점]

① -2 ② -1 ③ 0
④ 1 ⑤ 2

12

1부터 100까지의 자연수 중 k의 배수의 집합을 A_k라고 할 때, 집합 $A_2\cap(A_3\cup A_4)$의 원소의 개수는? [3.7점]

① 30 ② 31 ③ 32
④ 33 ⑤ 34

● 〈제발 복사는~~ T.T〉 교재의 문항에 대한 저작권을 지켜주세요~

아름다운샘

13

전체집합 U에 대하여 조건 p, q의 진리집합을 각각 P, Q라 하자. p가 q이기 위한 충분조건일 때, 다음 중 집합 $\{(P-Q)\cup(P-Q^C)\}\cap Q^C$과 같은 집합은? [4점]

① U ② P ③ Q
④ P^C ⑤ $\varnothing$

14

상자 속의 세 공을 차례로 한 개씩 꺼낼 때, 그중 하나는 빨간색, 또 다른 하나는 노란색, 나머지 하나는 흰색이다. (가)~(다)의 세 진술 중 오직 하나만이 참이라고 할 때, 다음 중 옳은 것은? [4점]

(가) 첫 번째 공은 빨간색이 아니다.
(나) 두 번째 공은 노란색이 아니다.
(다) 세 번째 공은 노란색이다.

① 첫 번째 공은 빨간색이다. ② 첫 번째 공은 흰색이다.
③ 두 번째 공은 흰색이다. ④ 두 번째 공은 빨간색이다.
⑤ 세 번째 공은 노란색이다.

15

좌표평면 위의 한 점 A$(3, 2)$와 직선 $y=x$ 위의 점 P, x축 위의 점 Q에 대하여 $\overline{\mathrm{AP}}+\overline{\mathrm{PQ}}+\overline{\mathrm{QA}}$의 최솟값은? [4점]

① $\sqrt{26}$ ② $3\sqrt{3}$ ③ $2\sqrt{7}$
④ $\sqrt{29}$ ⑤ $\sqrt{30}$

16

다음은 명제 '두 자연수 a, b에 대하여 a^2+b^2이 홀수이면 ab는 짝수이다.'를 대우를 이용하여 증명한 것이다.

증명

주어진 명제의 대우는
'두 자연수 a, b에 대하여 ab가 홀수이면 a^2+b^2이 (가) 이다.'
ab가 홀수이면 a, b는 모두 (나) 이므로
$a=2m+1$, $b=2n+1$ (m, n은 0 또는 자연수)로 놓으면
$a^2+b^2=(2m+1)^2+(2n+1)^2$
$=2(2m^2+2n^2+2m+2n+1)$
이때, $2m^2+2n^2+2m+2n+1$은 자연수이므로 a^2+b^2은 (다) 이다.
따라서 주어진 명제의 대우가 참이므로 주어진 명제도 참이다.

위의 증명에서 (가), (나), (다)에 알맞은 것을 순서대로 적은 것은? [4점]

① 홀수, 홀수, 홀수 ② 홀수, 짝수, 홀수
③ 짝수, 홀수, 홀수 ④ 짝수, 홀수, 짝수
⑤ 짝수, 짝수, 짝수

아름다운샘

17

전체집합 $U=\{1, 2, 3, \cdots, 10\}$의 부분집합 N_k를

$N_k=\{x|x=kn+1, n$은 음이 아닌 정수$\}$

라 할 때, 옳은 것만을 〈보기〉에서 있는 대로 고른 것은? [4점]

보기

ㄱ. $N_4 \subset N_2$

ㄴ. 임의의 자연수 k에 대하여 $N_k \subset N_1$이다.

ㄷ. 두 자연수 p, q가 서로소이면 $N_p \cap N_q = \varnothing$이다.

① ㄱ ② ㄱ, ㄴ ③ ㄱ, ㄷ
④ ㄴ, ㄷ ⑤ ㄱ, ㄴ, ㄷ

18

세 실수 x, y, z에 대하여

$x+y+z=5,\ x^2+y^2+z^2=11$

일 때, x의 최댓값과 최솟값의 합은? [4점]

① $\frac{2}{3}$ ② $\frac{4}{3}$ ③ 2
④ $\frac{8}{3}$ ⑤ $\frac{10}{3}$

※ 다음은 서술형 문제입니다. 서술형 답안지에 풀이 과정과 답을 정확하게 서술하시오.

서술형 주관식

19

$U=\{1, 2, 3, \cdots, 10\}$을 전체집합으로 하는 조건 '$p : x<5$ 또는 $x \geq 8$'에 대하여 조건 $\sim p$의 진리집합의 모든 원소의 합을 구하시오. [6점]

20

조건 'p: $x<-3$ 또는 $x>4$'에 대하여 $|x|>a$는 p이기 위한 필요조건이고, $|x|>b$는 p이기 위한 충분조건이다. a의 최댓값을 M, b의 최솟값을 N이라 할 때, $M-N$의 값을 구하시오.

(단, a, b는 양수이다.) [6점]

● 선생님! 저작권을 지켜주셔서 감사합니다~

아름다운샘

21
두 실수 a, b에 대하여 다음 부등식이 성립함을 증명하시오. [6점]

$$|a+b| \leq |a|+|b|$$

22
어느 과학관에 다녀간 학생 100명에 대하여 네 과목 물리, 화학, 생물, 지구과학에 대한 호감도를 조사하였더니 각각 90명, 78명, 85명, 66명이 그 과목을 좋아한다고 대답하였다. 네 과목 모두를 좋아하는 학생 수의 최솟값을 구하시오. [8점]

23
두 집합 $A=\{1, 2\}$, $B=\{1, 2, 3, 4, 5\}$가 있다. $A \subset X_k \subset B$를 만족시키는 모든 집합 $X_k(k=1, 2, \cdots, n)$ 각각에 대하여 집합 X_k의 원소의 합을 a_k라 할 때, $a_1+a_2+a_3+\cdots+a_n$의 값을 구하시오. [8점]

20○○학년도 1학년 2학기 중간고사 (8회)

수 학

범위: 도형의 이동 ~ 명제의 증명

대상	1학년	고사일시	20 년 월 일	과목코드	08	시간	50분	점수	/100점

• 답안지에 필요한 인적 사항을 정확히 기입할 것.
• 객관식 문제의 답안 표기는 OMR카드에 반드시 컴퓨터용 사인펜을 사용하여 기입할 것.
• 주관식 문제의 답안 표기는 반드시 검은색 펜을 사용할 것.

객관식

01

두 집합 $A=\{1, 2, 3, a+1\}$, $B=\{4, 5, a\}$에 대하여 $A-B=\{1, 2\}$일 때, 상수 a의 값은? [3.3점]

① 1　② 2　③ 3
④ 4　⑤ 5

02

두 집합 $A=\{a+2, a^2-2\}$, $B=\{2, 6-a\}$에 대하여 $A\subset B$이고 $B\subset A$일 때, 상수 a의 값은? [3.3점]

① -2　② -1　③ 0
④ 1　⑤ 2

03

공집합이 아닌 두 집합

$A=\{x\,|\,1\le x<-2a\}$, $B=\{x\,|\,a<x<4\}$

가 $A\cap B=A$인 관계를 만족할 때, 정수 a의 개수는? [3.3점]

① 1　② 2　③ 3
④ 4　⑤ 5

04

다음과 같은 세 집합 A, B, C에 대하여 $A\subset B\subset C$가 성립하도록 하는 정수 a의 개수는? [3.3점]

$A=\{x\,|\,x\ge 5\}$,　$B=\{x\,|\,x\ge a\}$,　$C=\{x\,|\,x>-2\}$

① 6　② 7　③ 8
④ 9　⑤ 10

● 저작권법을 준수하는 아름다운샘~

05

전체집합 U의 두 부분집합 A, B에 대하여

$A-\{(A-B)\cup(A-B^C)\}$을 간단히 하면? [3.3점]

① $\varnothing$ ② A ③ B
④ $A^C\cup B$ ⑤ U

06

두 집합 $A=\{3, 4, 5, 6, 7\}$, $B=\{5, 6, 7, 8\}$에 대하여

$$A\cap X=X,\ (A-B)\cup X=X$$

를 동시에 만족하는 집합 X의 개수는? [3.3점]

① 5 ② 6 ③ 7
④ 8 ⑤ 9

07

명제 '모든 x에 대하여 $\sim p$ 또는 $\sim q$이다.' 의 부정은? [3.7점]

① 모든 x에 대하여 p이고 q가 아니다.
② p가 아니고 q인 x가 존재한다.
③ p가 아니거나 q인 x가 존재한다.
④ 모든 x에 대하여 p가 아니고 q이다.
⑤ p이고 q인 x가 존재한다.

08

전체집합 $U=\{1, 2, 3, 4, 5, 6, 7, 8\}$에 대하여 두 조건 p, q가 p: $2\le x<7$, q: $3<x<8$일 때, 'p 또는 q' 의 진리집합의 모든 원소의 합은? [3.7점]

① 23 ② 25 ③ 27
④ 29 ⑤ 31

아름다운샘

09

명제 '$x^2-ax+6\neq0$이면 $x-2\neq0$이다.'가 참이 되도록 하는 상수 a의 값은? [3.7점]

① 2 ② 3 ③ 4
④ 5 ⑤ 6

10

x, y가 실수일 때, 다음 중 조건 p는 조건 q이기 위한 필요조건이지만 충분조건은 아닌 것은? [3.7점]

① p : $x>0$이고 $y>0$ q : $xy>0$
② p : $x^2=xy$ q : $x=y$
③ p : x, y는 유리수 q : xy는 유리수
④ p : $x^2+y^2=0$ q : $x=0$이고 $y=0$
⑤ p : $x=y$ q : $x^2=y^2$

11

$|x|\leq a$가 $4x-7<2x-1$이기 위한 충분조건이 되는 실수 a의 값의 범위는? (단, $a\geq0$) [3.7점]

① $0\leq a<3$ ② $0\leq a\leq3$ ③ $3\leq a<6$
④ $3\leq a\leq6$ ⑤ $a>6$

12

세 조건 p, q, r의 진리집합을 각각 P, Q, R라 하자. p는 $\sim r$이기 위한 충분조건이고, q는 r이기 위한 필요조건일 때, 다음 〈보기〉 중 항상 옳은 것을 모두 고른 것은? [3.7점]

보기

ㄱ. $P\cap Q=\varnothing$ ㄴ. $P\cap R=\varnothing$
ㄷ. $Q\cap R=Q$

① ㄱ ② ㄴ ③ ㄱ, ㄴ
④ ㄴ, ㄷ ⑤ ㄱ, ㄴ, ㄷ

● 〈제발 복사는~~ T.T〉 교재의 문항에 대한 저작권을 지켜주세요~

아름다운 샘

13

직선 $x-y+3=0$을 x축의 방향으로 m만큼, y축의 방향으로 -1만큼 평행이동한 직선과 x축 및 y축으로 둘러싸인 부분의 넓이가 32일 때, m의 값은? (단, $m>2$) [4점]

① 6　② 7　③ 8
④ 9　⑤ 10

14

점 $(2, 1)$을 직선 $y=x+3$에 대하여 대칭이동한 후, 다시 점 $(-4, 3)$에 대하여 대칭이동한 점의 좌표는? [4점]

① $(-2, 5)$　② $(-4, 1)$　③ $(-4, 3)$
④ $(-6, 1)$　⑤ $(-6, 3)$

15

$a>0$, $b>0$일 때, $(a+2b)\left(\frac{2}{a}+\frac{1}{b}\right)$의 최솟값은? [4점]

① 8　② 7　③ 6
④ 5　⑤ 4

16

서로 다른 세 개의 실수로 이루어진 집합 $A=\{a, b, c\}$에 대하여 $\{x+y \mid x\in A, y\in A, x\neq y\}=\{9, 13, 16\}$일 때, 집합 A의 원소 중 가장 큰 수는? [4점]

① 8　② 9　③ 10
④ 11　⑤ 12

아름다운샘

17

자연수 k에 대하여 $A_k=\{x|x$는 k의 배수$\}$라 할 때, 〈보기〉 중 옳은 것을 모두 고른 것은? [4점]

보기

ㄱ. $A_2 \cap A_3 = A_6$

ㄴ. $A_3 \cup A_6 = A_3$

ㄷ. $A_{12} - A_k = \varnothing$이면 k는 12의 배수이다.

① ㄱ ② ㄴ ③ ㄱ, ㄴ
④ ㄱ, ㄷ ⑤ ㄱ, ㄴ, ㄷ

18

전체집합 $U=\{1, 2, 3, 4, 5, 6, 7\}$의 두 부분집합 $A=\{1, 3\}$, $B=\{2, 3, 5\}$가 있다. U의 부분집합 X가 다음 조건을 만족할 때, 가능한 모든 집합 X의 원소 중 가장 큰 수들의 합은? [4점]

(가) $(B \cap X) \subset (A \cap X)$
(나) $n(X) \geq 3$

① 101 ② 102 ③ 103
④ 104 ⑤ 105

※ 다음은 서술형 문제입니다. 서술형 답안지에 풀이 과정과 답을 정확하게 서술하시오.

서술형 주관식

19

직선 $y=2x+2$를 직선 $y=x$에 대하여 대칭이동한 직선을 l_1, 직선 l_1을 x축에 대하여 대칭이동한 직선을 l_2라 할 때, 직선 l_2의 방정식을 구하시오. [6점]

20

집합 $A=\{1, 2, 3, 4, 5\}$의 공집합이 아닌 부분집합 중 원소의 합이 4 이하인 부분집합의 개수를 구하시오. [6점]

● 선생님! 저작권을 지켜주셔서 감사합니다~

아름다운 샘

21

두 유리수 a, b에 대하여 $a+b\sqrt{2}=0$이면 $a=b=0$임을 증명하시오. [6점]

22

전체 학생이 60명인 학급에서 3일 연속으로 봉사활동을 갔다. 학생들 모두 적어도 하루는 봉사활동에 참여했을 때, 하루만 봉사활동을 간 학생의 수는 연속으로 이틀만 봉사활동을 간 학생의 수의 3배와 같고, 3일 연속으로 봉사활동을 간 학생은 10명이었다. 첫째 날과 셋째 날 이틀 동안만 봉사활동을 간 학생이 6명일 때, 하루만 봉사활동을 간 학생의 수를 구하시오. [8점]

23

전체집합 $U=\{1, 3, 5, 7, 9\}$의 부분집합 중 3개의 원소로 이루어진 10개의 부분집합을 X_1, X_2, X_3, $\cdots$, X_{10}이라 하고, 집합 X_k $(k=1, 2, 3, \cdots, 10)$의 모든 원소의 합을 S_k라고 하자. 이때, $S_1+S_2+S_3+\cdots+S_{10}$의 값을 구하시오. [8점]

아름다운샘

아름다운샘

20○○학년도 1학년 2학기 중간고사 (9회)

수 학

범위: 도형의 이동 ~ 명제의 증명

대상	1학년	고사일시	20 년 월 일	과목코드	09	시간	50분	점수	/100점

- 답안지에 필요한 인적 사항을 정확히 기입할 것.
- 객관식 문제의 답안 표기는 OMR카드에 반드시 컴퓨터용 사인펜을 사용하여 기입할 것.
- 주관식 문제의 답안 표기는 반드시 검은색 펜을 사용할 것.

객관식

01

다음 중 거짓인 명제는? [3.3점]

① $2<7$
② 바다는 넓은가?
③ $3x=8$
④ 해는 동쪽에서 뜬다.
⑤ 두 홀수의 합은 홀수이다.

02

명제 $p \longrightarrow \sim q$가 참일 때, 다음 중 반드시 참인 명제는?

[3.3점]

① $q \longrightarrow p$　② $\sim p \longrightarrow \sim q$　③ $q \longrightarrow \sim p$
④ $\sim q \longrightarrow \sim p$　⑤ $\sim q \longrightarrow p$

03

집합 $A=\{\varnothing, a, b, \{a, b\}\}$에 대하여 〈보기〉 중 옳은 것의 개수는? [3.3점]

보기

ㄱ. $\varnothing \in A$　ㄴ. $\varnothing \subset A$　ㄷ. $\{a\} \in A$
ㄹ. $\{a, b\} \in A$　ㅁ. $\{a, b\} \subset A$

① 1　② 2　③ 3
④ 4　⑤ 5

04

두 집합 $A=\{5, a+4, a^2\}$, $B=\{1, 5, a^2-2a\}$에 대하여 $A=B$일 때, 상수 a의 값은? [3.3점]

① -2　② -1　③ 0
④ 1　⑤ 2

● 저작권법을 준수하는 아름다운샘~

05

집합 $A=\{4, 5\}$이고, $A\cup B=\{1, 2, 3, 4, 5\}$일 때, 집합 A와 서로소인 집합 B의 모든 원소의 합은? [3.3점]

① 5 ② 6 ③ 7
④ 8 ⑤ 9

06

전체집합 $U=\{1, 2, 3, 4, 5, 6\}$의 두 부분집합 A, B에 대하여 $A^C\cap B^C=\{2, 5\}$, $B-A=\{4\}$일 때, 집합 A는? [3.3점]

① $\{1\}$ ② $\{1, 4\}$ ③ $\{3, 6\}$
④ $\{1, 3, 6\}$ ⑤ $\{3, 4, 6\}$

07

두 집합 $A=\{a, b, f\}$, $B=\{a, b, c, d, e\}$에 대하여 $A\cup X=X$이고 $(A\cup B)\cap X=X$를 만족시키는 집합 X의 개수는? [3.7점]

① 2 ② 4 ③ 8
④ 16 ⑤ 32

08

좌표평면 위의 두 점 $\mathrm{A}(-1, 3)$, $\mathrm{B}(2, 5)$와 x축 위를 움직이는 점 P에 대하여 $\overline{\mathrm{AP}}+\overline{\mathrm{BP}}$의 최솟값은? [3.7점]

① $\sqrt{67}$ ② $\sqrt{70}$ ③ $\sqrt{73}$
④ $2\sqrt{19}$ ⑤ $\sqrt{79}$

아름다운샘

09

명제 '$k-1\le x\le k+3$인 어떤 실수 x에 대하여 $0\le x\le 2$이다.'가 참이 되게 하는 정수 k의 개수는? [3.7점]

① 4 ② 5 ③ 6
④ 7 ⑤ 8

10

세 조건 p, q, r를

p: $-3\le x\le 8$,

q: $|x|\le a$,

r: $|x|\le b$

라 하자. p는 q이기 위한 필요조건이고, p는 r이기 위한 충분조건일 때, a의 최댓값과 b의 최솟값의 합은?

(단, a, b는 양수이다.) [3.7점]

① 11 ② 12 ③ 13
④ 14 ⑤ 15

11

세 조건 p, q, r의 진리집합을 각각 P, Q, R라 할 때, 다음이 성립한다.

$$(Q-P^C)\cup(R-Q)=\varnothing$$

다음 중 항상 옳은 것은? (단, P, Q, R는 공집합이 아니다.)

[3.7점]

① 조건 r는 조건 $\sim p$이기 위한 충분조건이다.
② 조건 $\sim r$는 조건 q이기 위한 충분조건이다.
③ 조건 q는 조건 r이기 위한 충분조건이다.
④ 조건 p는 조건 q이기 위한 필요조건이다.
⑤ 조건 p는 조건 $\sim r$이기 위한 필요조건이다.

12

두 집합 $A=\{a+1, 5\}$, $B=\{1, 3-a, b+4\}$에 대하여 $A\subset B$일 때, 두 실수 a, b의 합 $a+b$의 최댓값을 M, 최솟값을 m이라 하자. 이때, $M-m$의 값은? (단, $a\neq 4$) [3.7점]

① 5 ② 6 ③ 7
④ 8 ⑤ 9

● 〈제발 복사는~~ T.T〉 교재의 문항에 대한 저작권을 지켜주세요~

아름다운샘

13

$x>0$, $y>0$일 때, $2x+y+\frac{2}{x}+\frac{9}{y}$의 최솟값은? [4점]

① 6　② 7　③ 8
④ 9　⑤ 10

14

다음은 명제

'두 자연수 m, n에 대하여 m^2+n^2이 홀수이면 mn은 짝수이다.'

를 명제의 대우를 이용하여 증명하는 과정이다.

증명

주어진 명제의 대우 '두 자연수 m, n에 대하여 mn이 (가) 이면 m^2+n^2은 (나) 이다.' 가 참임을 보이면 된다.
mn이 (가) 이면 m, n이 모두 (다) 이므로
$m=2a+1$, $n=2b+1$ (a, b는 0 이상의 정수)
로 놓을 수 있다.
$m^2+n^2=(2a+1)^2+(2b+1)^2=2(2a^2+2b^2+2a+2b+1)$
이므로 m^2+n^2은 (나) 이다.
따라서 주어진 명제의 대우가 참이므로 명제도 참이다.

위의 증명에서 (가), (나), (다)에 알맞은 것을 순서대로 적은 것은? [4점]

① 짝수, 짝수, 짝수　② 홀수, 짝수, 짝수
③ 짝수, 홀수, 짝수　④ 홀수, 짝수, 홀수
⑤ 짝수, 홀수, 홀수

15

유튜브 강의

세 집합 A, B, C에 대하여 두 집합 A와 B는 서로소이고 $n(A)=5$, $n(B)=4$, $n(C)=3$, $n(A\cup C)=7$, $n(B\cup C)=5$일 때, $n(A\cup B\cup C)$의 값은? [4점]

① 8　② 9　③ 10
④ 11　⑤ 12

16

임의의 실수 x, y에 대하여

$||x|-|y||=|x-y|$

가 성립하기 위한 필요충분조건은? [4점]

① $x=-y$　② $xy>0$　③ $xy\geq 0$
④ $x\geq 0$, $y\leq 0$　⑤ $x\leq 0$, $y\geq 0$

17

자연수 n에 대하여 $A_n=\{x|x$는 n과 서로소인 자연수$\}$, $B_n=\{x|x$는 n의 배수인 자연수$\}$일 때, 다음 〈보기〉에서 옳은 것을 모두 고른 것은? [4점]

보기

ㄱ. $A_2 \cup B_2=\{x|x$는 자연수$\}$
ㄴ. $A_2 \cup A_3=A_5$
ㄷ. $B_2 \cap B_3=B_5$

① ㄱ ② ㄴ ③ ㄱ, ㄷ
④ ㄴ, ㄷ ⑤ ㄱ, ㄴ, ㄷ

18

유튜브 강의

집합 X에 대하여 집합 X의 모든 원소의 합을 $S(X)$라 하자. 전체집합 $U=\{1, 3, 5, 7, 9, 11, 13\}$의 두 부분집합 A, B가 다음 조건을 만족한다.

(가) $n(A)+n(B)=9$
(나) $2S(A)=S(B)+1$

$S(A \cap B)$가 최솟값이 되도록 하는 집합 A의 모든 원소의 곱은? [4점]

① 35 ② 45 ③ 105
④ 135 ⑤ 189

※ 다음은 서술형 문제입니다. 서술형 답안지에 풀이 과정과 답을 정확하게 서술하시오.

서술형 주관식

19

직선 $3x-4y+1=0$을 원점에 대하여 대칭이동한 직선이 원 $(x-a)^2+(y-2)^2=25$의 넓이를 이등분할 때, 상수 a의 값을 구하시오. [6점]

20

유튜브 강의

정수 전체의 집합 U의 두 부분집합 $A=\{x|0\le x\le 4$, x는 정수$\}$와 B에 대하여

$$(A\cup B)\cap(A^C\cup B^C)=\{1, 3, 6\}$$

일 때, 집합 B의 모든 원소의 합을 구하시오. [6점]

● 선생님! 저작권을 지켜주셔서 감사합니다~

아름다운샘

21

$a>0$, $b>0$, $c>0$일 때, 다음 부등식을 증명하시오. [6점]

$$(a+b)(b+c)(c+a)\geq 8abc$$

22

▶ 유튜브 강의

평행이동 $(x, y) \longrightarrow (x+a, y+b)$에 의하여
원 $x^2+y^2+4x=0$을 이동하였더니
원 $x^2+y^2-10x+4y+20=0$에 외접하였다. 이때, 점 (a, b)의 자취의 길이를 구하시오. [8점]

23

▶ 유튜브 강의

두 집합 X, Y에 대하여 $X\triangle Y$를

$$X\triangle Y=(X\cup Y)-(X\cap Y)$$

라 정의하자. 세 집합 A, B, C가 다음을 만족시킬 때, $n(A\triangle B)+n(B\triangle C)+n(C\triangle A)$의 값을 구하시오. [8점]

(가) $n(A\cup B\cup C)=92$
(나) $n((A\cup B)\cap C)=27$
(다) $n((A\cap C)\triangle(B\cap C))=10$

20○○학년도 1학년 2학기 중간고사 (10회)

수 학

범위: 도형의 이동 ~ 명제의 증명

대상	1학년	고사일시	20 년 월 일	과목코드	10	시간	50분	점수	/100점

- 답안지에 필요한 인적 사항을 정확히 기입할 것.
- 객관식 문제의 답안 표기는 OMR카드에 반드시 컴퓨터용 사인펜을 사용하여 기입할 것.
- 주관식 문제의 답안 표기는 반드시 검은색 펜을 사용할 것.

객관식

01

두 집합 $A=\{x|x$는 8의 약수$\}$, $B=\{1,\ a,\ 2a,\ 8\}$에 대하여 $A\subset B$이고 $B\subset A$일 때, 상수 a의 값은? [3.3점]

① 1 ② 2 ③ 3
④ 4 ⑤ 5

02

전체집합 $U=\{x|x$는 10보다 작은 자연수$\}$에서 두 조건

p : x는 10의 약수, q : x는 3의 배수

에 대하여 다음 명제 중 참인 것은? [3.3점]

① $p \longrightarrow q$ ② $q \longrightarrow p$ ③ $\sim p \longrightarrow q$
④ $q \longrightarrow \sim p$ ⑤ $\sim q \longrightarrow p$

03

전체집합 U에서 두 조건 p, q에 대하여 p는 $\sim q$이기 위한 충분조건이다. 두 조건 p, q의 진리집합을 각각 P, Q라 할 때, 다음 중 항상 옳은 것은? [3.3점]

① $P\subset Q$ ② $P^C\subset Q^C$ ③ $Q\subset P^C$
④ $P\cup Q=U$ ⑤ $P\cap Q=Q$

04

집합 $A=\{a, b, c\}$에 대하여 $P(A)=\{X|X\subset A\}$라고 정의할 때, 집합 $P(A)$의 원소가 <u>아닌</u> 것은? [3.3점]

① $\{a\}$ ② $\{c\}$ ③ $\varnothing$
④ $\{\varnothing\}$ ⑤ $\{b, c\}$

● 저작권법을 준수하는 아름다운샘~

아름다운샘

05

두 집합 $A=\{3, 6, a-1\}$, $B=\{6, 9, b+1\}$에 대하여 $(A-B)\cup(B-A)=\varnothing$일 때, 두 상수 a, b에 대하여 $a+b$의 값은? [3.3점]

① 12　② 13　③ 14　④ 15　⑤ 16

06

전체집합 $U=\{x \mid x$는 7 이하의 자연수$\}$의 두 부분집합 $A=\{3, 5, 7\}$, $B=\{4, 5, 6, 7\}$에 대하여 집합 $(A^C\cup B)^C\cup B$의 모든 원소의 합은? [3.3점]

① 24　② 25　③ 26　④ 27　⑤ 28

07

정수를 원소로 하는 두 집합

$A=\{a, b, c, d\}$, $B=\{a+k, b+k, c+k, d+k\}$

에 대하여 $A\cap B=\{2, 5\}$이고, A에 속하는 모든 원소의 합이 6, $A\cup B$에 속하는 모든 원소의 합이 21일 때, 상수 k의 값은? [3.7점]

① 1　② 2　③ 3　④ 4　⑤ 5

08

자연수 k의 배수의 집합을 A_k라 할 때, $A_k\subset\{A_3\cap(A_4\cup A_7)\}$을 만족시키는 k의 최솟값은? [3.7점]

① 10　② 11　③ 12　④ 13　⑤ 14

09

전체집합 $U=\{1, 2, 3, 4\}$에 대하여 $x\in U$, $y\in U$일 때, 다음 중 거짓인 명제는? [3.7점]

① 모든 x에 대하여 $x+2<7$이다.
② 어떤 x에 대하여 $x^2-1>0$이다.
③ 어떤 x와 모든 y에 대하여 $x^2<y+1$이다.
④ 어떤 x와 어떤 y에 대하여 $x^2+y^2<1$이다.
⑤ 모든 x와 모든 y에 대하여 $x^2+y^2<33$이다.

10

x가 실수이고, 세 조건

p: $-3\leq x\leq 2$ 또는 $x\geq 3$,
q: $a\leq x\leq 1$,
r: $x\geq b$

에 대하여 두 명제 $q \longrightarrow p$, $p \longrightarrow r$가 참일 때, a의 최솟값과 b의 최댓값의 곱은? [3.7점]

① 9　② 12　③ 15
④ 18　⑤ 21

11

$a=0$, $b=0$이기 위한 필요충분조건인 것을 〈보기〉에서 있는 대로 고른 것은? (단, a, b는 실수이고, $i=\sqrt{-1}$이다.) [3.7점]

보 기

ㄱ. $a+b+abi=0$　ㄴ. $a+b\sqrt{2}=0$
ㄷ. $a^2+ab+b^2=0$　ㄹ. $|a|+|b|=0$

① ㄱ, ㄹ　② ㄱ, ㄴ, ㄷ　③ ㄱ, ㄴ, ㄹ
④ ㄱ, ㄷ, ㄹ　⑤ ㄴ, ㄷ, ㄹ

12

좌표평면에서 포물선 $y=x^2-2x$를 포물선 $y=x^2-12x+30$으로 옮기는 평행이동에 의하여 직선 l : $x-2y=0$이 직선 l'으로 옮겨진다. 두 직선 l, l' 사이의 거리는? [3.7점]

① $2\sqrt{2}$　② $2\sqrt{3}$　③ $3\sqrt{2}$
④ $3\sqrt{3}$　⑤ $3\sqrt{5}$

● 〈제발 복사는~~ T.T〉 교재의 문항에 대한 저작권을 지켜주세요~

아름다운샘

13

▶ 유튜브 강의

실수 전체의 집합의 부분집합 $A=\{a, b, c, d, e, f\}$에 대하여 원소의 개수가 3인 A의 부분집합들의 원소의 총합이 190일 때, $a+b+c+d+e+f$의 값은? [4점]

① 15 ② 16 ③ 17 ④ 18 ⑤ 19

14

다음은 명제 '자연수 n에 대하여 n^2이 3의 배수이면 n이 3의 배수이다.'를 대우를 이용하여 참임을 증명한 것이다.

증명

주어진 명제의 대우는
'자연수 n에 대하여 n이 3의 배수가 아니면 n^2도 3의 배수가 아니다.'
이므로 n이 3의 배수가 아니라고 가정하면 $n=3k+1$ 또는 $n=3k+2$ $(k=0, 1, 2, \cdots)$이다.
(i) $n=3k+1$일 때,
$n^2=(3k+1)^2=3(3k^2+2k)+$ (가)
(ii) $n=3k+2$일 때,
$n^2=(3k+2)^2=3(3k^2+4k+1)+$ (나)
(i), (ii)에 의하여 n^2은 3의 배수가 아니다.
따라서 주어진 명제의 대우가 참이므로 주어진 명제도 참이다.

위의 증명에서 (가)+(나)의 값은? [4점]

① 1 ② 2 ③ 3 ④ 4 ⑤ 5

15

$a>0$, $b>0$, $c>0$일 때, $(a+b+c)\left(\frac{1}{a}+\frac{1}{b}+\frac{1}{c}\right)$의 최솟값은? [4점]

① 3 ② 6 ③ 9 ④ 12 ⑤ 15

16

▶ 유튜브 강의

직선 $y=3x+2$를 직선 $x=k$에 대하여 대칭이동시켰더니 포물선 $y=x^2-2x$에 접하였다. 실수 k의 값은? [4점]

① $-\frac{3}{8}$ ② $-\frac{1}{4}$ ③ $-\frac{1}{8}$ ④ $\frac{1}{4}$ ⑤ $\frac{3}{8}$

아름다운샘

17

집합 $A_n=\{x\,|\,2n-1\le x\le 5n+2\}$에 대하여

$A_1\cap A_2\cap\cdots\cap A_n=\varnothing$이 성립하는 자연수 n의 최솟값은? [4점]

① 1 ② 2 ③ 3
④ 4 ⑤ 5

18

유튜브 강의

두 집합 A, B를

$A=\{3a+10b\,|\,a,\ b$는 자연수$\}$

$B=\{n,\ n+2,\ n+4\}$

라 할 때, $B\subset A$를 만족하는 자연수 n의 최솟값은? [4점]

① 27 ② 28 ③ 29
④ 30 ⑤ 31

※ 다음은 서술형 문제입니다. 서술형 답안지에 풀이 과정과 답을 정확하게 서술하시오.

서술형 주관식

19

전체집합 U의 두 부분집합 A, B에 대하여

$n(U)=10,\ n(A)=5,\ n(B)=3,\ n(A\cap B)=1$

일 때, $n(A^C\cap B^C)$의 값을 구하시오. [6점]

20

$a>0$, $b>0$일 때, 다음 부등식을 증명하시오. [6점]

$$\left(a+\frac{1}{b}\right)\left(b+\frac{1}{a}\right)\ge 4$$

● 선생님! 저작권을 지켜주셔서 감사합니다~

아름다운샘

21

직선 $y=\frac{1}{2}x$ 위의 점 $\mathrm{P}(a, b)$를 x축, y축에 대하여 각각 대칭이동한 점을 P_1, P_2라 하자. 삼각형 $\mathrm{PP}_1\mathrm{P}_2$의 넓이가 4일 때, 두 양수 a, b에 대하여 $a+b$의 값을 구하시오. [6점]

22

유튜브 강의

세 개의 영화 A, B, C 중 적어도 한 편을 관람한 100명의 학생들이 있다. 이 중에서 A 영화를 관람한 학생이 52명, B 영화를 관람한 학생이 63명, C 영화를 관람한 학생이 56명이고, 세 영화를 모두 관람한 학생은 13명이다. 세 편의 영화 중에서 한 편만 관람한 학생 수를 구하시오. [8점]

23

유튜브 강의

전체집합 $U=\{1, 2, 3, 4, 5, 6, 7, 8\}$의 두 부분집합 A, B가 다음 조건을 만족한다.

(가) $A\cap B=\{1, 3\}$
(나) $A^C\cap B^C=\{8\}$

집합 X의 모든 원소의 곱을 $S(X)$라 할 때, $S(A)=k\times S(B)$가 되도록 하는 두 집합 A, B에 대하여 자연수 k의 최댓값을 구하시오.

(단, 집합 B가 집합 A의 부분집합인 경우는 제외한다.) [8점]

[부록 1회] 원의 방정식

대상	1학년	고사일시	20 년 월 일	과목코드	01	시간	20분	점수	/40점

- 답안지에 필요한 인적 사항을 정확히 기입할 것.
- 객관식 문제의 답안 표기는 OMR카드에 반드시 컴퓨터용 사인펜을 사용하여 기입할 것.
- 주관식 문제의 답안 표기는 반드시 검은색 펜을 사용할 것.

객관식

01

두 점 A$(0,\ 3)$, B$(4,\ -1)$을 지름의 양 끝 점으로 하는 원의 방정식은? [4점]

① $(x-2)^2+(y+1)^2=16$
② $(x+2)^2+(y+1)^2=8$
③ $(x-2)^2+(y-1)^2=8$
④ $(x-2)^2+(y-1)^2=16$
⑤ $(x-2)^2+(y+1)^2=8$

02

중심이 직선 $y=-x+10$ 위에 있고, x축과 y축에 동시에 접하는 원의 둘레의 길이를 $k\pi$라 할 때, 상수 k의 값은? [4점]

① 7　② 8　③ 9
④ 10　⑤ 11

03

원 $x^2+y^2-10x-6y+33=0$과 중심이 같고, x축에 접하는 원 위의 점 P에 대하여 선분 OP의 길이의 최솟값은?
(단, O는 원점이다.) [4점]

① $\sqrt{34}-5$　② $\sqrt{34}-3$　③ $\sqrt{34}$
④ $\sqrt{38}-3$　⑤ $\sqrt{38}$

04

중심이 직선 $y=x+3$ 위에 있고, 두 점 $(-3,\ 4)$, $(1,\ 8)$을 지나는 원의 중심의 좌표를 $(a,\ b)$라 할 때, $a+b$의 값은? [4점]

① 2　② 3　③ 4
④ 5　⑤ 6

• 저작권법을 준수하는 아름다운샘~

05

좌표평면에서 직선 $x-3y+6=0$과 수직이고 원 $x^2+y^2-2y=0$의 넓이를 이등분하는 직선의 방정식은? [5점]

① $y=-3x+1$ ② $y=-3x+3$ ③ $y=\frac{1}{3}x-1$
④ $y=3x-1$ ⑤ $y=3x+3$

06

좌표평면 위의 세 점 $\mathrm{P}(0, 0)$, $\mathrm{Q}(1, 1)$, $\mathrm{R}(4, 0)$을 지나는 원의 넓이는? [5점]

① π ② 2π ③ 3π
④ 4π ⑤ 5π

※ 다음은 서술형 문제입니다. 서술형 답안지에 풀이 과정과 답을 정확하게 서술하시오.

서술형 주관식

07

▶유튜브 강의

원 $x^2+y^2+4kx-2ky+10k=14$의 넓이가 최소가 될 때의 원의 중심의 좌표를 (a, b), 반지름의 길이를 r라 하자. abr의 값을 구하시오. (단, k는 상수이다.) [6점]

08

▶유튜브 강의

점 $\mathrm{A}(-1, 4)$와 원 $x^2+y^2-6x-4y+9=0$ 위의 점 Q에 대하여 선분 AQ의 중점 P의 자취의 방정식이 $(x-a)^2+(y-b)^2=c$일 때, 세 상수 a, b, c에 대하여 $a+b+c$의 값을 구하시오. [8점]

[부록 2회] 원과 직선

대상	1학년	고사일시	20 년 월 일	과목코드	02	시간	20분	점수	/40점

• 답안지에 필요한 인적 사항을 정확히 기입할 것.
• 객관식 문제의 답안 표기는 OMR카드에 반드시 컴퓨터용 사인펜을 사용하여 기입할 것.
• 주관식 문제의 답안 표기는 반드시 검은색 펜을 사용할 것.

객관식

01

원 $(x-2)^2+(y+1)^2=5$와 직선 $x-2y+k=0$이 서로 다른 두 점에서 만나게 되는 정수 k의 개수는? [4점]

① 7　② 8　③ 9
④ 10　⑤ 11

02

원 $x^2+y^2=9$에 접하고 직선 $2x-y+2=0$에 평행한 직선의 방정식은 $y=ax+b$이다. 두 상수 a, b에 대하여 ab의 값은?
(단, $b>0$) [4점]

① 4　② 5　③ 6
④ $3\sqrt{5}$　⑤ $6\sqrt{5}$

03

원 $x^2+y^2-6x+2y+2=0$ 위의 점 $(5, 1)$에서의 접선의 방정식은? [4점]

① $y=-x+3$　② $y=-x+6$　③ $y=-2x+8$
④ $y=x+3$　⑤ $y=x+6$

04

점 $(1, 3)$에서 원 $x^2+y^2=5$에 그은 접선의 방정식의 모든 기울기의 합은? [4점]

① -2　② $-\frac{3}{2}$　③ -1
④ $\frac{1}{2}$　⑤ 1

● 〈제발 복사는~~ T.T〉 교재의 문항에 대한 저작권을 지켜주세요~

아름다운샘

05

▶ 유튜브 강의

좌표평면 위에 원 $x^2+y^2=4$가 있다. 이 원에 접하고 서로 수직인 두 직선의 교점을 P라 할 때, 점 P가 나타내는 도형의 넓이는? [5점]

① 2π ② 4π ③ 6π
④ 8π ⑤ 10π

06

점 A(7, 3)에서 원 $(x-2)^2+(y-4)^2=4$에 그은 접선의 한 접점을 T라 한다. $\overline{AT}$의 길이를 a라 할 때, a^2의 값은? [5점]

① 20 ② 22 ③ 24
④ 26 ⑤ 28

※ 다음은 서술형 문제입니다. 서술형 답안지에 풀이 과정과 답을 정확하게 서술하시오.

서술형 주관식

07

원 $(x+1)^2+(y-4)^2=10$과 직선 $y=mx+2$의 두 교점을 각각 A, B라 할 때, 선분 AB의 길이가 $2\sqrt{5}$가 되도록 하는 상수 m의 값을 구하시오. [6점]

08

▶ 유튜브 강의

두 도형 $x^2+y^2=16\ (y>0)$, $y=-x+|x-k|$가 서로 다른 두 점에서 만나기 위한 실수 k의 값의 범위를 $a<k<0$ 또는 $b<k<c$라 할 때, $a+b+c$의 값을 구하시오. [8점]

[부록 3회] 함수

대상	1학년	고사일시	20 년 월 일	과목코드	03	시간	20분	점수	/40점

- 답안지에 필요한 인적 사항을 정확히 기입할 것.
- 객관식 문제의 답안 표기는 OMR카드에 반드시 컴퓨터용 사인펜을 사용하여 기입할 것.
- 주관식 문제의 답안 표기는 반드시 검은색 펜을 사용할 것.

객관식

01

집합 $X=\{1, 3, 5\}$에 대하여 함수 $f: X \longrightarrow X$를 다음과 같이 정의한다.

$$f(x)=\begin{cases} x+2 & (x\le 3) \\ 1 & (x=5) \end{cases}$$

$f(1)-f(3)+f(5)$의 값은? [4점]

① -1 ② 0 ③ 1
④ 2 ⑤ 3

02

다음 중 실수 전체의 집합에서 정의된 함수의 그래프인 것은? [4점]

①
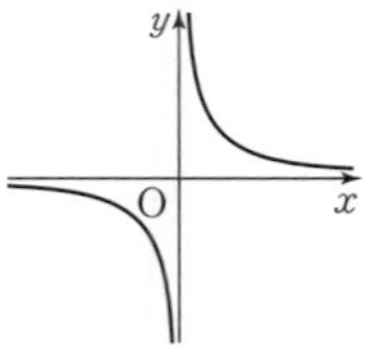

②
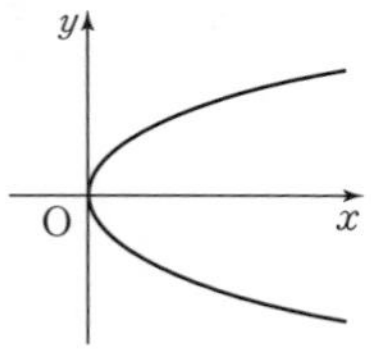

③
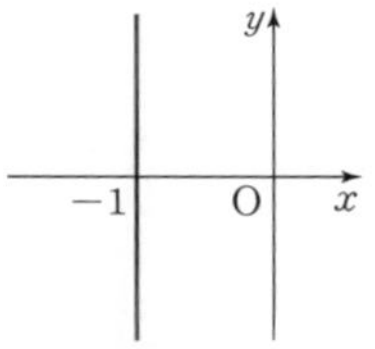

④
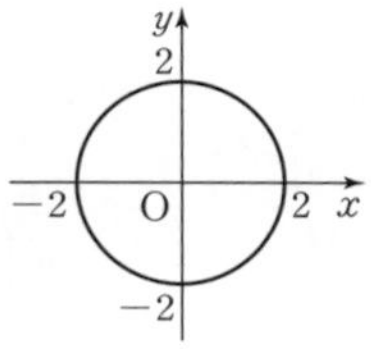

⑤
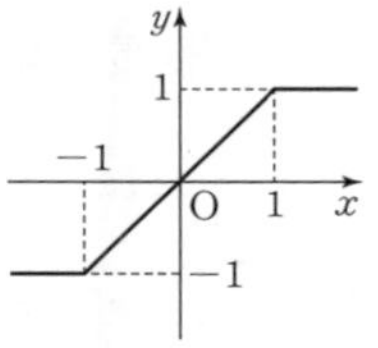

03

실수 전체의 집합에서 정의된 함수

$$f(x)=\begin{cases} 3x+3 & (x\ge 0) \\ ax+3 & (x<0) \end{cases}$$

이 일대일대응이 되도록 하는 정수 a의 최솟값은? [4점]

① -2 ② -1 ③ 0
④ 1 ⑤ 2

04

집합 $X=\{0, 1\}$을 정의역으로 하는 두 함수

$$f(x)=x^2-2ax-8,\ g(x)=5x+b$$

에 대하여 $f=g$가 성립한다. 두 상수 a, b에 대하여 ab의 값은? [4점]

① 8 ② 10 ③ 12
④ 14 ⑤ 16

● 선생님! 저작권을 지켜주셔서 감사합니다~

05

실수 전체에서 정의된 함수 $f(x)$를

$$f(x)=\begin{cases}(x+1)^2+3 & (x\geq -1)\\ ax+b & (x<-1)\end{cases}$$

로 정의할 때, 함수 $f(x)$가 일대일대응이 되도록 하는 실수 b의 값의 범위는? [5점]

① $b<-3$　② $-3<b<1$　③ $0<b<3$
④ $b>1$　⑤ $b>3$

06

▶ 유튜브 강의

집합 $X=\{1, 2, 3, 4\}$에서 X로의 함수 중에서 $f(1)<f(2)$를 만족시키는 일대일대응의 개수는? [5점]

① 10　② 12　③ 14
④ 16　⑤ 18

※ 다음은 서술형 문제입니다. 서술형 답안지에 풀이 과정과 답을 정확하게 서술하시오.

서술형 주관식

07

집합 $X=\{1, 3, 5\}$에 대하여 X에서 X로의 두 함수 f, g가 각각 항등함수, 상수함수이고, $f(1)=g(3)$일 때, $f(5)+g(5)$의 값을 구하시오. [6점]

08

▶ 유튜브 강의

일대일함수 $f(x)$가 임의의 두 실수 x, y에 대하여

$$f(x+f(y))=y+f(x),\ f(1)=-1$$

을 만족할 때, $f(0)+f(2)$의 값을 구하시오. [8점]

[부록 4회] 합성함수와 역함수

대상	1학년	고사일시	20 년 월 일	과목코드	04	시간	20분	점수	/40점

- 답안지에 필요한 인적 사항을 정확히 기입할 것.
- 객관식 문제의 답안 표기는 OMR카드에 반드시 컴퓨터용 사인펜을 사용하여 기입할 것.
- 주관식 문제의 답안 표기는 반드시 검은색 펜을 사용할 것.

객관식

01

두 함수 $f(x)=x^2-x+3$, $g(x)=3x-2$에 대하여
$(f\circ g)(1)-(g\circ f)(1)$의 값은? [4점]

① -4 ② -2 ③ 0
④ 2 ⑤ 4

02

함수 $f: X \longrightarrow Y$가 그림과 같을 때,
$f^{-1}(5)+f^{-1}(7)$의 값은? [4점]

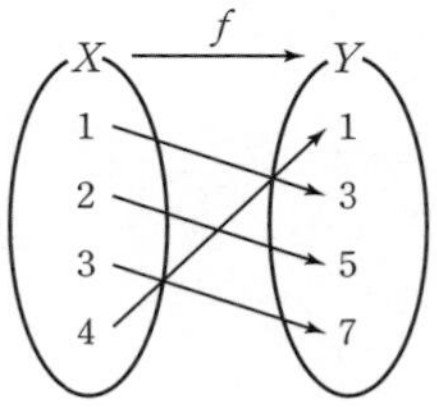

① 2 ② 3
③ 4 ④ 5
⑤ 6

03

일차함수 $f(x)=ax+b$에 대하여 $f(3)=0$, $f^{-1}(1)=2$일 때,
$a+b$의 값은? (단, a, b는 상수이다.) [4점]

① 1 ② 2 ③ 3
④ 4 ⑤ 5

04

두 함수 $y=f(x)$, $y=x$의 그래프가
그림과 같다. 함수 $f(x)$의 역함수가
존재할 때, $(f^{-1}\circ f^{-1})(b)$의 값은?
[4점]

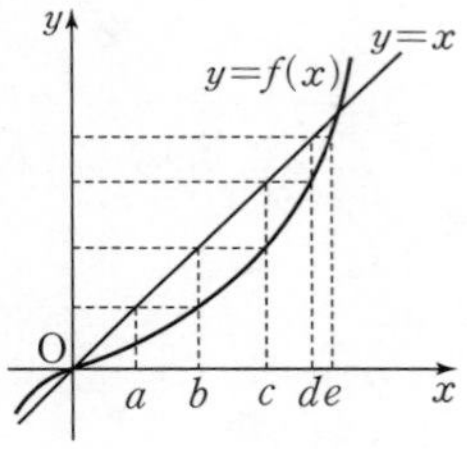

① a ② b
③ c ④ d
⑤ e

● 저작권법을 준수하는 아름다운샘~

05

▶ 유튜브 강의

두 함수 $f(x)=-2x+1$, $g(x)=4x-3$일 때,
$(h \circ f)(x)=g(x)$를 만족시키는 일차함수 $h(x)$에 대하여
$(h \circ g)(-2)$의 값은? [5점]

① -21　② -14　③ 7
④ 14　⑤ 21

06

자연수 전체의 집합에서 정의된 함수

$$f(n)=\begin{cases} n-2 & (n \geq 100) \\ f(f(n+4)) & (n<100) \end{cases}$$

에 대하여 $f(79)$의 값은? [5점]

① 100　② 99　③ 98
④ 97　⑤ 96

※ 다음은 서술형 문제입니다. 서술형 답안지에 풀이 과정과 답을 정확하게 서술하시오.

서술형 주관식

07

$x \geq 0$에서 정의된 두 함수

$$f(x)=x^2+3,\ g(x)=2x-4$$

에 대하여 $(f \circ (g \circ f)^{-1} \circ f)(1)$의 값을 구하시오. [6점]

08

▶ 유튜브 강의

일차함수 $f(x)=(a^2-b)x+2b^2-13$에 대하여 $f(0)=5$,
$f^{-1}(3)=1$일 때, a^2+b^2의 값을 구하시오.
(단, a, b는 실수이다.) [8점]

아름다운샘

아~름다운 샘 A~ssam 내신FINAL

고1 수학

정답 및 해설

20○○학년도 1학년 2학기 중간고사(1회)

01 ④	02 ⑤	03 ③	04 ②	05 ③
06 ③	07 ①	08 ⑤	09 ②	10 ④
11 ②	12 ③	13 ④	14 ①	15 ④
16 ④	17 ⑤	18 ①	19 6	20 4
21 23	22 풀이 참조	23 9		

01 집합 $A=\{-1, 0, 1, 2, 3\}$이므로
① $\varnothing$은 집합 A의 부분집합이므로
$\varnothing \subset A$
② -2는 집합 A의 원소가 아니므로
$-2 \notin A$
③ $\{-1, 1\}$은 집합 A의 부분집합이므로
$\{-1, 1\} \subset A$
④ $\{0\}$은 집합 A의 부분집합이므로
$\{0\} \subset A$
⑤ -2는 집합 A의 원소가 아니므로
$\{-2, -1, 0, 1, 2, 3\} \not\subset A$
따라서 옳은 것은 ④이다.

02 $A \cap B=\{3, 5\}$에서 $5 \in A$, $3 \in B$이므로
$a=5$, $b=3$
$\therefore a+b=8$

03 주어진 집합을 벤다이어그램으로 나타내면 그림과 같다.

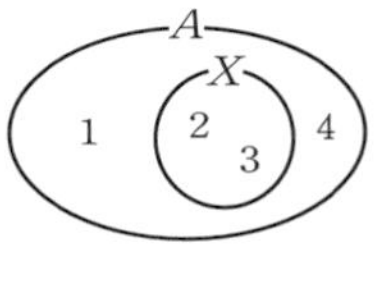

$\therefore X=\{2, 3\}$
따라서 집합 X의 모든 원소의 합은
$2+3=5$

04 $A=\{x \mid x$는 5 이하의 자연수$\}=\{1, 2, 3, 4, 5\}$
이때, B가 A의 진부분집합이므로
$A \neq B$이고 $B \subset A$
따라서 a와 b가 될 수 있는 수를 순서쌍으로 나타내면
$(2, 4)$, $(2, 5)$, $(4, 5)$이므로 $a+b$의 최댓값은 9이다.

05 색칠된 부분을 나타내는 집합은
$A-(B \cap C)=A \cap (B \cap C)^C=A \cap (B^C \cup C^C)$

06 집합 A의 부분집합 중 집합 B의 원소를 적어도 한 개 갖는 부분집합의 개수는 집합 A의 부분집합의 개수에서 집합 B의 원소를 하나도 갖지 않는 부분집합의 개수를 뺀 것과 같다.
$A=\{1, 2, 4, 8\}$, $B=\{1, 2\}$에서 집합 B의 원소를 하나도 갖지 않는 부분집합의 개수는 $2^{4-2}=4$이므로 구하는 부분집합의 개수는 $2^4-4=12$

07 직선 $3x+ay-1=0$을 x축의 방향으로 4만큼, y축의 방향으로 2만큼 평행이동하면
$3(x-4)+a(y-2)-1=0$
$\therefore 3x+ay-2a-13=0$
이 직선이 평행이동하기 전의 직선 $3x+ay-1=0$과 일치하므로
$-2a-13=-1$
$\therefore a=-6$

08 원의 방정식 $x^2-2x+y^2+4y+4=0$을 표준형으로 바꾸면
$(x-1)^2+(y+2)^2=1$
즉, 원 $C_1 : (x-1)^2+(y+2)^2=1$을 직선 $y=x$에 대하여 대칭이동하면 $(y-1)^2+(x+2)^2=1$
$\therefore C_2 : (x+2)^2+(y-1)^2=1$

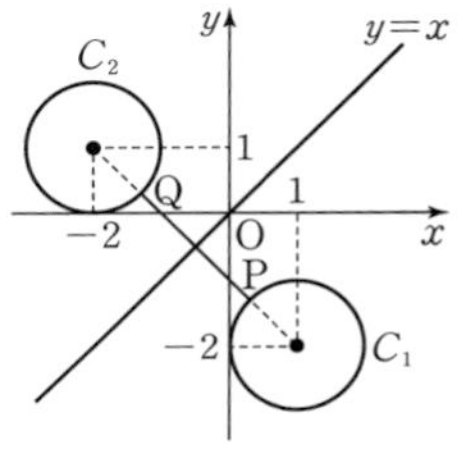

이때, $\overline{PQ}$의 최솟값은 그림과 같이 두 원 C_1, C_2의 중심 사이의 거리에서 두 원 C_1, C_2의 반지름의 길이의 합을 뺀 것과 같으므로
$\sqrt{\{1-(-2)\}^2+(-2-1)^2}-(1+1)=3\sqrt{2}-2$

09 명제 $p \longrightarrow q$의 대우는 $\sim q \longrightarrow \sim p$이므로 '$x$, y가 모두 짝수이면 xy는 짝수이다.' 의 대우인 명제는 'xy가 홀수이면 x, y 중 적어도 하나는 홀수이다.' 이다.

10 $p : a-1 \le x \le a+1$, $q : -4 \le x < 2$로 놓으면
$p \longrightarrow q$가 참이어야 하므로
$\{x \mid a-1 \le x \le a+1\} \subset \{x \mid -4 \le x < 2\}$

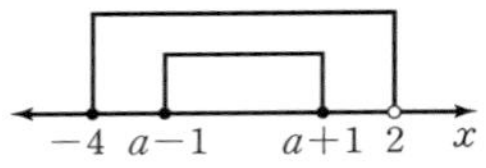

즉, $-4 \le a-1$에서 $a \ge -3$
또 $a+1<2$에서 $a<1$
$\therefore -3 \le a < 1$

11 주어진 명제의 부정은
'모든 실수 x에 대하여 $x^2-16x+2k \ge 0$'
이다. 실수 전체의 집합에서 모든 실수 x에 대하여 이차부등식 $x^2-16x+2k \ge 0$이 성립해야 하므로 이차방정식 $x^2-16x+2k=0$의 판별식을 D라 하면
$\dfrac{D}{4}=(-8)^2-2k \le 0 \qquad \therefore k \ge 32$
따라서 k의 최솟값은 32이다.

12 세 명제 $p \longrightarrow q$, $\sim p \longrightarrow q$, $\sim p \longrightarrow r$가 참이므로
$P \subset Q$, $P^C \subset Q$이므로 $P \cup P^C=Q$
$\therefore Q=U$
$P^C \subset R$에서 $R^C \subset P$
즉, P, Q, R의 포함 관계를 벤다이어그램으로 나타내면 그림과 같다.

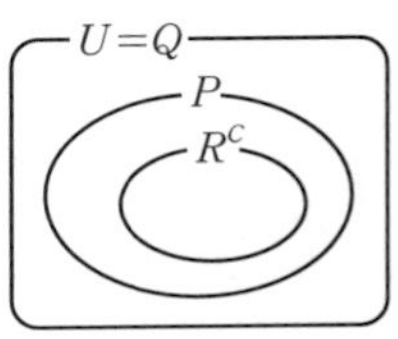

ㄱ. $Q-R^C=Q \cap R=U \cap R=R$
(참)
ㄴ. $P-R=P \cap R^C=R^C$
이때, $R^C=\varnothing$인지 알 수 없다. (거짓)

ㄷ. $Q-P=Q\cap P^{C}=U\cap P^{C}=P^{C}\subset R$ (참)
따라서 옳은 것은 ㄱ, ㄷ이다.

13 $p: x\geq 1$이고 $y\geq 1$, $q: xy\geq 1$이라 하면
$x\geq 1$이고 $y\geq 1$이면 $xy\geq 1$이므로 $p \Longrightarrow q$
$x=\frac{1}{2}$, $y=4$일 때, $xy\geq 1$이지만 $x<1$이므로
$q \not\Longrightarrow p$이다.
따라서 p는 q이기 위한 (가) 충분 조건이다.
$p: x^2+y^2=0$, $q: |x|+|y|=0$이라 하면
$x^2+y^2=0$에서 $x^2\geq 0$, $y^2\geq 0$이므로 $x=y=0$
$|x|+|y|=0$에서 $|x|\geq 0$, $|y|\geq 0$이므로 $x=y=0$
따라서 $p \Longleftrightarrow q$이므로 p는 q이기 위한 (나) 필요충분 조건이다.

14 두 조건 p, q의 진리집합을 각각 P, Q라 하면
$P=\{x|x^2-4x-5<0\}$
$=\{x|(x-5)(x+1)<0\}$
$=\{x|-1<x<5\}$
$Q=\{x|x^2-(a+5)x+5a\leq 0\}$
$=\{x|(x-5)(x-a)\leq 0\}$
이때, p는 q이기 위한 충분조건이므로 $P\subset Q$
두 집합 P, Q를 수직선 위에 나타내면 그림과 같으므로

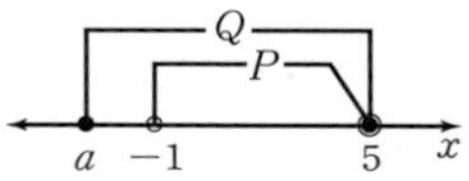

$a\leq -1$

> **핵심 포인트**
> 필요, 충분, 필요충분조건과 진리집합
> 두 조건 p, q의 진리집합을 각각 P, Q라 할 때,
> (1) p는 q이기 위한 충분조건
> $p \Longrightarrow q$이면 $P\subset Q$
> (2) p는 q이기 위한 필요조건
> $q \Longrightarrow p$이면 $Q\subset P$
> (3) p는 q이기 위한 필요충분조건
> $p \Longleftrightarrow q$이면 $P=Q$

15 $a^2+ab+b^2=\left(a+\frac{b}{2}\right)^2+$ (가) $\frac{3}{4}b^2$
이때, $\left(a+\frac{b}{2}\right)^2\geq 0$, (가) $\frac{3}{4}b^2$ ≥ 0이므로
$a^2+ab+b^2\geq 0$
(단, 등호는 $a+\frac{b}{2}=0$, $b=0$, 즉 (나) $a=b=0$ 일 때 성립한다.)

16 어떤 반 학생 30명 전체의 집합을 U, 배영과 평영을 할 수 있는 학생의 집합을 각각 A, B라 하면
$n(U)=30$, $n(A)=21$, $n(B)=15$
배영과 평영을 모두 할 수 있는 학생의 집합은 $A\cap B$이므로
$n(A\cap B)=x$
(i) $n(A\cap B)\leq n(A)$, $n(A\cap B)\leq n(B)$이므로
$x\leq 21$, $x\leq 15$에서 $x\leq 15$
(ii) $n(A\cup B)=n(A)+n(B)-n(A\cap B)\leq n(U)$이므로
$21+15-x\leq 30$에서 $x\geq 6$
(i), (ii)에서 $6\leq x\leq 15$
따라서 x의 최댓값은 15, 최솟값은 6이므로 최댓값과 최솟값의 합은
$15+6=21$

> **핵심 포인트**
> 교집합과 합집합의 원소의 개수
> 두 유한집합 A, B에 대하여
> (1) $n(A\cup B)=n(A)+n(B)-n(A\cap B)$
> (2) $n(A\cap B)=n(A)+n(B)-n(A\cup B)$

17 조건 (가)에서 $X\cap\{1, 2, 3\}=\{2\}$이므로 $1\notin X$, $2\in X$, $3\notin X$
조건 (나)에서 집합 X의 모든 원소의 합 $S(X)$가 홀수이므로
집합 X는 집합 A의 원소 중에서 홀수인 1, 3, 5, 7 중에서 1개 또는 3개를 원소로 가져야 한다.
$1\notin X$, $3\notin X$이므로 집합 X는 5, 7 중에서 1개만을 원소로 가져야 한다.
조건 (가), (나)를 만족시키면서 $S(X)$가 최대가 될 때는 집합 A의 원소 중에서 짝수인 4, 6을 원소로 갖고, 홀수인 7을 원소로 가질 때이다.
즉, $X=\{2, 4, 6, 7\}$일 때 $S(X)$가 최대가 된다.
따라서 $S(X)$의 최댓값은
$2+4+6+7=19$

18 (i) 1이 포함된 원소가 2개 이상인 부분집합의 개수는
$2^{4-1}-1=7$
(ii) 1은 포함되지 않고 3은 포함된 원소가 2개 이상인 부분집합의 개수는
$2^{4-2}-1=3$
(iii) 1, 3은 포함되지 않고 5는 포함된 원소가 2개 이상인 부분집합의 개수는
$2^{4-3}-1=1$
(iv) 1, 3, 5는 포함되지 않고 7은 포함된 원소가 2개 이상인 부분집합은 없다.
(i)~(iv)에서 가장 작은 원소를 모두 더한 값은
$7\times 1+3\times 3+1\times 5=21$

19 $n(A\cup B)=n(A)+n(B)-n(A\cap B)$에서
$n(A\cap B)=n(A)+n(B)-n(A\cup B)$ ······ ㉮
$=13+9-16=6$ ······ ㉯

채점 기준	배점
㉮ 식 $n(A\cap B)=n(A)+n(B)-n(A\cup B)$ 세우기	3점
㉯ 답 구하기	3점

20 점 A(5, 1)을 x축에 대하여 대칭이동한 점 B의 좌표는
B(5, −1) ······ ㉮
직선 $y=x$에 대하여 대칭이동한 점 C의 좌표는
C(1, 5) ······ ㉯

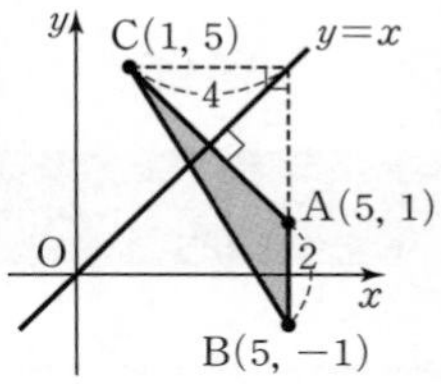

따라서 삼각형 ABC의 넓이는

$\triangle ABC=\frac{1}{2}\times2\times4=4$ ……㉰

채점 기준	배점
㉮ B(5, −1) 구하기	2점
㉯ C(1, 5) 구하기	2점
㉰ 답 구하기	2점

21 $x>3$에서 $x^2-9>0$이므로 산술평균과 기하평균의 관계에 의하여

$$x^2+\frac{49}{x^2-9}=x^2-9+\frac{49}{x^2-9}+9 \quad \cdots\cdots ㉮$$

$$\geq 2\sqrt{(x^2-9)\times\frac{49}{x^2-9}}+9$$

$$=14+9=23$$

(단, 등호는 $x^2-9=\frac{49}{x^2-9}$, 즉 $x=4$일 때 성립한다.)

따라서 $x^2+\frac{49}{x^2-9}$의 최솟값은 23이다. ……㉯

채점 기준	배점
㉮ $x^2+\frac{49}{x^2-9}=x^2-9+\frac{49}{x^2-9}+9$로 놓기	3점
㉯ 답 구하기	3점

22 대우 명제인 'a, b가 실수일 때, $a\neq0$ 또는 $b\neq0$이면 $a^2+b^2\neq0$이다.'가 참임을 증명하면 된다. ……㉮

(i) $a\neq0$, $b=0$일 때, $a^2>0$, $b^2=0$, $a^2+b^2>0$

$\therefore a^2+b^2\neq0$ ……㉯

(ii) $a=0$, $b\neq0$일 때, $a^2=0$, $b^2>0$, $a^2+b^2>0$

$\therefore a^2+b^2\neq0$ ……㉰

(iii) $a\neq0$, $b\neq0$일 때, $a^2>0$, $b^2>0$이므로 $a^2+b^2\neq0$ ……㉱

(i), (ii), (iii)에서 $a^2+b^2\neq0$

따라서 명제의 대우가 참이므로 명제 'a, b가 실수일 때, $a^2+b^2=0$이면 $a=0$, $b=0$이다.'는 참이다.

채점 기준	배점
㉮ 대우 명제 구하기	2점
㉯ $a\neq0$, $b=0$일 때, $a^2+b^2\neq0$임을 보이기	2점
㉰ $a=0$, $b\neq0$일 때, $a^2+b^2\neq0$임을 보이기	2점
㉱ $a\neq0$, $b\neq0$일 때, $a^2+b^2\neq0$임을 보이기	2점

23 자연수 n에 대하여

$A_n=\{x\mid -2n+1\leq x\leq 3n-2\}$,

$A_{n+1}=\{x\mid -2n-1\leq x\leq 3n+1\}$

이므로 $A_n\subset A_{n+1}$ ……㉮

$\therefore A=A_1\cup A_2\cup\cdots\cup A_n=A_n$ ……㉯

즉, 집합 A_n에 속하는 정수인 원소의 개수가 43이므로

$(3n-2)-(-2n+1)+1=5n-2=43$

$5n=45 \quad \therefore n=9$ ……㉰

채점 기준	배점
㉮ $A_n\subset A_{n+1}$ 구하기	2점
㉯ $A=A_n$ 구하기	3점
㉰ 답 구하기	3점

20○○학년도 1학년 2학기 중간고사(2회)

01 ③	02 ④	03 ③	04 ②	05 ⑤
06 ④	07 ②	08 ①	09 ③	10 ④
11 ①	12 ⑤	13 ③	14 ②	15 ⑤
16 ②	17 ④	18 ①	19 3	20 18
21 풀이 참조		22 $-4<a<-1$		23 42

01 ① $x^2=1$에서 $x^2-1=0$

$(x+1)(x-1)=0$

$\therefore x=-1$ 또는 $x=1$

따라서 $x^2=1$이면 $x=-1$ 또는 $x=1$이므로 거짓인 명제이다.

② $x^2>1$에서 $x^2-1>0$

$(x+1)(x-1)>0$

$\therefore x<-1$ 또는 $x>1$

따라서 $x^2>1$이면 $x<-1$ 또는 $x>1$이므로 거짓인 명제이다.

③ 9의 배수는 9, 18, 27, 36, …이고, 3의 배수는 3, 6, 9, 12, …이다.

따라서 x가 9의 배수이면 x는 3의 배수이므로 참인 명제이다.

④ $x=3$, $y=-1$일 때, $x+y\geq2$이지만 $y<1$이므로 거짓인 명제이다.

⑤ $x=1$, $y=1$일 때, $x+y$는 짝수이지만 x, y는 모두 홀수이므로 거짓인 명제이다.

따라서 참인 명제는 ③이다.

02 $A=\{3, 6, 9\}$, $B=\{1, 2, 3, \cdots, n\}$이므로

$n(A)+n(B)=3+n=11$

$\therefore n=8$

03 $A=B$이므로 $A\subset B$이고 $B\subset A$이다.

(i) $B\subset A$에서 $2\in\{1, 4, a^2+1\}$이므로

$a^2+1=2$

$\therefore a=-1$ 또는 $a=1$

그런데 $a=-1$이면

$A=\{1, 4, 2\}$, $B=\{2, -1, b-1\}$이므로

$-1\notin A$에서 $A\neq B$

따라서 $a=1$이므로

$A=\{1, 4, 2\}$, $B=\{2, 1, b-1\}$

(ii) $A\subset B$에서 $4\in\{2, 1, b-1\}$이므로

$b-1=4$

$\therefore b=5$

(i), (ii)에서 $a+b=1+5=6$

04 두 집합의 포함 관계가 $A\cap B=A$이므로 $A\subset B$

$A\subset B$일 때, $A\cup B=B$, $A\cap B^C=\varnothing$, $B^C\subset A^C$

따라서 옳은 것은 ㄴ, ㄷ이다.

05 $A\subset B$에서 $A-B=\varnothing$이므로
$\{(A-B)\cup B^C\}\cap A^C=(\varnothing\cup B^C)\cap A^C=B^C\cap A^C$
그런데 $A\subset B$에서 $B^C\subset A^C$이므로
$B^C\cap A^C=B^C$

06 ㄱ. $A_4=\{1, 2, 4\}$, $A_8=\{1, 2, 4, 8\}$이므로
$A_4\subset A_8$ (참)
ㄴ. $A_4=\{1, 2, 4\}$, $A_6=\{1, 2, 3, 6\}$이므로
$A_4\cap A_6=\{1, 2\}$
한편, $A_2=\{1, 2\}$이므로
$A_4\cap A_6=A_2$ (참)
ㄷ. ㄴ에서 $A_4\cup A_6=\{1, 2, 3, 4, 6\}$이고,
$A_{12}=\{1, 2, 3, 4, 6, 12\}$이므로
$A_4\cup A_6\neq A_{12}$ (거짓)
따라서 옳은 것은 ㄱ, ㄴ이다.

07 원소의 개수가 2인 부분집합은
$\{1, 2\}, \{1, 3\}, \{1, 4\}, \{2, 3\}, \{2, 4\}, \{3, 4\}$
각각의 원소는 모두 3번씩 들어 있고 $1+2+3+4=10$이므로
구하는 부분집합의 원소의 합은
$10\times 3=30$

08 $x^2-6x+8=0$에서 $(x-2)(x-4)=0$이므로
$x=2$ 또는 $x=4$
$\therefore A=\{2, 4\}$
$A\cap B=\varnothing$이고 $A\cup B=\{2, 4, 6, 8, 10\}$이므로
$B=\{6, 8, 10\}$
따라서 집합 B의 모든 원소의 합은
$6+8+10=24$

09 p는 r이기 위한 충분조건이므로 $p\Longrightarrow r$
$\sim r$는 q이기 위한 필요조건이므로 $q\Longrightarrow \sim r$
$q\Longrightarrow \sim r$의 대우도 참이므로 $r\Longrightarrow \sim q$
또 $p\Longrightarrow r$, $r\Longrightarrow \sim q$이므로 삼단논법에 의해
$p\Longrightarrow \sim q$
따라서 항상 참인 명제는 ③이다.

10 명제 $p\longrightarrow \sim q$가 참이므로 $P\subset Q^C$
즉, P, Q의 포함 관계를 벤다이어그램으로 나타내면 그림과 같다.
따라서 항상 옳은 것은 ④ $P\cap Q=\varnothing$이다.

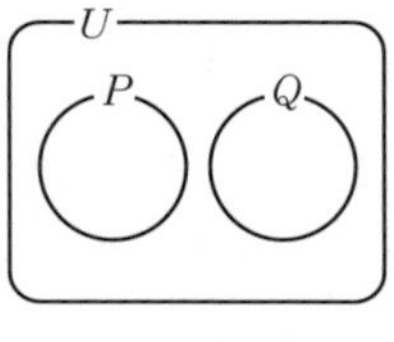

11 점 $(7, -2)$를 x축의 방향으로 a만큼, y축의 방향으로 b만큼 평행이동한 점의 좌표가 $(5, 3)$이므로
$7+a=5$, $-2+b=3$
따라서 $a=-2$, $b=5$이므로
$ab=-10$

12 두 원이 한 점 P에 대하여 대칭이면 두 원의 중심도 점 P에 대하여 대칭이므로 점 P는 두 원의 중심의 중점이다.
두 원의 중심이 각각 $(3, -2)$, (a, b)이므로
$\mathrm{P}\left(\dfrac{3+a}{2}, \dfrac{-2+b}{2}\right)$
이것이 점 $(1, 2)$와 같으므로
$\dfrac{3+a}{2}=1$, $\dfrac{-2+b}{2}=2$
따라서 $a=-1$, $b=6$이므로
$a+b=5$

13 점 $\mathrm{B}(9, 5)$를 직선 $y=x$에 대하여 대칭이동한 점을 B'이라 하면 점 B'의 좌표는 $(5, 9)$이다.
$\overline{\mathrm{BP}}=\overline{\mathrm{B'P}}$이므로
$\overline{\mathrm{AP}}+\overline{\mathrm{BP}}=\overline{\mathrm{AP}}+\overline{\mathrm{B'P}}\geq\overline{\mathrm{AB'}}$
$\overline{\mathrm{AP}}+\overline{\mathrm{BP}}$의 값이 최소인 점 P는
점 B'과 점 A를 이은 선분과 직선 $y=x$의 교점 $(5, 5)$이다.
따라서 삼각형 ABP는 직각삼각형이므로
$\triangle\mathrm{ABP}=\dfrac{1}{2}\times 4\times 2=4$

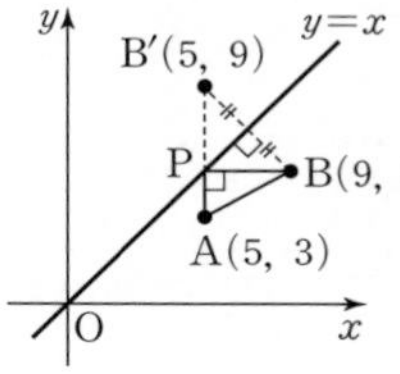

핵심 포인트

대칭이동을 이용한 거리의 최솟값
좌표평면 위의 두 점 A, B와 직선 l 위의 점 P에 대하여 점 A를 직선 l에 대하여 대칭이동한 점을 A′이라 하면
➡ $\overline{\mathrm{AP}}+\overline{\mathrm{BP}}=\overline{\mathrm{A'P}}+\overline{\mathrm{BP}}\geq\overline{\mathrm{A'B}}$
➡ $\overline{\mathrm{AP}}+\overline{\mathrm{BP}}$의 최솟값은 $\overline{\mathrm{A'B}}$

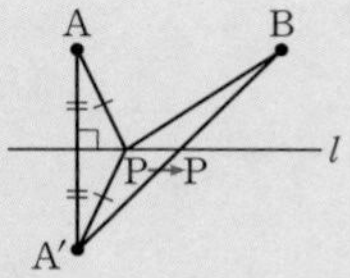

14 점 $\mathrm{P}(x, y)$에서 직선 $y=x$에 대하여 대칭이동한 점은
$\mathrm{Q}(y, x)$
두 점 P, Q에서 x축에 내린 수선의 발은 각각
$\mathrm{P}'(x, 0)$, $\mathrm{Q}'(y, 0)$
즉, $\overline{\mathrm{PP'}}=y$, $\overline{\mathrm{QQ'}}=x$이므로
$|\overline{\mathrm{PP'}}-\overline{\mathrm{QQ'}}|=|y-x|=k\ (k>0)$
라 하면 k의 값은 직선 $y=x\pm k$가 원
$(x-2)^2+(y-2)^2=4$에 접할 때 최댓값을 가진다.
따라서 원의 중심 $(2, 2)$에서 직선 $x-y\pm k=0$까지의 거리는 반지름의 길이 2와 같을 때 최대이므로
$\dfrac{|2-2\pm k|}{\sqrt{1^2+(-1)^2}}=2$
$\therefore k=2\sqrt{2}\ (\because k>0)$

15 전체집합 $U=\{0, 1, 2, 3\}$에서 조건
$p : (x-1)(x-3)\neq 0$
을 만족하는 원소는 $x=0, 2$이므로 $P=\{0, 2\}$
한편, $q : ax-18=0$, $a\neq 0$에서 $x=\dfrac{18}{a}$이고,
Q는 공집합이 아니므로 $Q=\left\{\dfrac{18}{a}\right\}$
p가 q이기 위한 필요조건이므로 $Q\subset P$
$\therefore \dfrac{18}{a}=0$ 또는 $\dfrac{18}{a}=2$

(i) $\frac{18}{a}=0$을 만족하는 a의 값은 없다.

(ii) $\frac{18}{a}=2$를 만족하는 a의 값은 9이다.

따라서 구하는 값은 $a=9$

16 a와 b가 모두 짝수라고 가정하면
$a=2k$, $b=2l$ (k, l은 자연수)
로 나타낼 수 있다. 그러면 2는 a와 b의 공약수이다.
이것은 a와 b가 서로소라는 가정에 모순이다.
따라서 주어진 명제는 참이다.
∴ (가) : 짝수, (나) : 공약수

17 집합 S의 부분집합은
$\varnothing, \{a\}, \{b\}, \{c\}, \{a, b\}, \{b, c\}, \{a, c\}, S$
이때, $\varnothing \in X$이면 (가)에서 $S \in X$
즉, $\varnothing$, S는 동시에 X의 원소이어야 한다.
마찬가지로 $\{a\}$와 $\{b, c\}$, $\{b\}$와 $\{a, c\}$, $\{c\}$와 $\{a, b\}$도 동시에 X의 원소이어야 한다.
이를 이용하여 조건 (나)를 만족시키는 집합을 구하면
$\{S, \varnothing\}$, $\{\{a\}, \{b, c\}, S, \varnothing\}$, $\{\{b\}, \{a, c\}, S, \varnothing\}$,
$\{\{c\}, \{a, b\}, S, \varnothing\}$, $\{\{a\}, \{b\}, \{c\}, \{a, b\}, \{b, c\}, \{a, c\}, S, \varnothing\}$
따라서 집합 X의 개수는 5이다.

18 $a^2 \ge 0$, $b^2 \ge 0$, $a^2+b^2=4$이므로 산술평균과 기하평균의 관계에 의하여
$\frac{a^2+b^2}{2} \ge \sqrt{a^2b^2}$에서
$|ab| \le 2$
$\therefore -2 \le ab \le 2$ ······ ㉠
$x^2 \ge 0$, $y^2 \ge 0$, $x^2+y^2=9$이므로 산술평균과 기하평균의 관계에 의하여
$\frac{x^2+y^2}{2} \ge \sqrt{x^2y^2}$에서
$|xy| \le \frac{9}{2}$
$\therefore -\frac{9}{2} \le xy \le \frac{9}{2}$ ······ ㉡
㉠+㉡을 하면
$-\frac{13}{2} \le ab+xy \le \frac{13}{2}$
따라서 $ab+xy$의 최솟값은 $-\frac{13}{2}$이므로
$m=-\frac{13}{2}$
또한 a, b, x, y는 실수이므로 코시-슈바르츠의 부등식에 의하여
$(a^2+b^2)(x^2+y^2) \ge (ax+by)^2$
$(ax+by)^2 \le 4 \times 9 = 36$
$\therefore -6 \le ax+by \le 6$
따라서 $ax+by$의 최댓값은 6이므로
$M=6$
$\therefore m+M=-\frac{1}{2}$

핵심 포인트

코시-슈바르츠의 부등식
a, b, x, y가 실수일 때,
$(a^2+b^2)(x^2+y^2) \ge (ax+by)^2$
(단, 등호는 $\frac{x}{a}=\frac{y}{b}$일 때 성립한다.)

19 두 조건 p, q의 진리집합을 각각 P, Q라 하면
$P=\{x \mid |x-a|<2\}=\{x \mid a-2<x<a+2\}$
$Q=\{x \mid -2<x<4\}$ ······ ㉮
명제 $p \longrightarrow q$가 참이 되려면 $P \subset Q$이어야 한다.

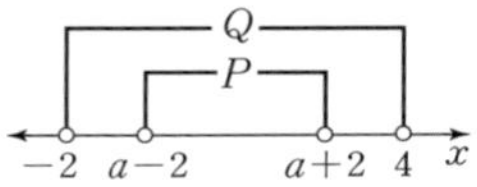

즉, $-2 \le a-2$, $a+2 \le 4$에서
$0 \le a \le 2$
따라서 정수 a는 0, 1, 2이므로 그 합은 3이다. ······ ㉯

채점 기준	배점
㉮ P, Q 구하기	3점
㉯ 답 구하기	3점

20 전체 학생의 집합을 U, 수학경시와 논술경시를 신청한 학생의 집합을 각각 A, B라 하면
$n(U)=40$, $n(A)=26$, $n(B)=22$
이때, 학생들이 수학경시와 논술경시 중 적어도 하나를 신청하였으므로
$n(A \cup B)=n(U)=40$ ······ ㉮
$\therefore n(A \cap B)=n(A)+n(B)-n(A \cup B)$
$=26+22-40=8$ ······ ㉯
따라서 수학경시만 신청한 학생 수는
$n(A-B)=n(A)-n(A \cap B)$
$=26-8=18$ ······ ㉰

채점 기준	배점
㉮ $n(A \cup B)=n(U)=40$ 구하기	2점
㉯ $n(A \cap B)=8$ 구하기	2점
㉰ 답 구하기	2점

21 $a^2+2ab+2b^2=(a+b)^2+b^2$ ······ ㉮
이때 $(a+b)^2 \ge 0$, $b^2 \ge 0$이므로
$a^2+2ab+2b^2 \ge 0$
여기에서 등호는 $a+b=0$, $b=0$, 즉 $a=b=0$일 때 성립한다. ······ ㉯

채점 기준	배점
㉮ $a^2+2ab+2b^2=(a+b)^2+b^2 \ge 0$임을 보이기	3점
㉯ $a=b=0$이 성립함을 보이기	3점

22 이차부등식 $ax^2+4x-a-5<0$이 모든 실수 x에 대하여 성립하려면
(i) $a<0$ ······ ㉮

(ii) $\frac{D}{4}=2^2+a(a+5)<0$

$a^2+5a+4<0$, $(a+1)(a+4)<0$

$\therefore -4<a<-1$ ……㉯

(i), (ii)에 의하여

$-4<a<-1$ ……㉰

채점 기준	배점
㉮ $a<0$ 구하기	2점
㉯ $-4<a<-1$ 구하기	3점
㉰ 답 구하기	3점

23 $(A\cup B)\cap X=X$에서

$X\subset(A\cup B)$ ……㉠

$(A-B)\cup X=X$에서

$(A-B)\subset X$ ……㉡

㉠, ㉡에서 $(A-B)\subset X\subset(A\cup B)$ ……㉮

$\therefore \{1, 2, 3\}\subset X\subset\{1, 2, 3, 4, 5\}$

즉, 집합 X는 $A\cup B$의 부분집합 중에서 원소 1, 2, 3을 반드시 포함하는 집합이므로 집합 X의 개수는

$2^{5-3}=2^2=4$ ……㉯

따라서 1, 2, 3은 4개의 집합에 모두 들어 있고, 4, 5는 각각 2번씩 들어 있으므로

$(1+2+3)\times4+(4+5)\times2=24+18=42$ ……㉰

채점 기준	배점
㉮ $(A-B)\subset X\subset(A\cup B)$ 구하기	3점
㉯ 집합 X의 개수 구하기	2점
㉰ 답 구하기	3점

20○○학년도 1학년 2학기 중간고사(3회)

01 ②	02 ③	03 ②	04 ①	05 ③
06 ⑤	07 ④	08 ②	09 ②	10 ①
11 ③	12 ④	13 ⑤	14 ②	15 ①
16 ③	17 ④	18 ④	19 22	
20 풀이 참조		21 3	22 900	23 54

01 $A=B$이므로 $\{2, 4, 8\}=\{x, x+4, y\}$

$B=\{x, x+4, y\}$의 원소 x와 $x+4$는 두 수의 차가 4이므로

$x=4$, $x+4=8$에서 $x=4$, $y=2$

$\therefore xy=8$

02 $a\in A=\{-1, 0, 2\}$, $b\in B=\{1, 3, 5\}$이므로 a의 값인 $-1, 0, 2$의 각각에 대하여 b의 값이 1, 3, 5일 때, $a+b$의 값을 표로 나타내어 계산하면 다음과 같다.

b \ a	-1	0	2
1	0	1	3
3	2	3	5
5	4	5	7

$\therefore S=\{0, 1, 2, 3, 4, 5, 7\}$

따라서 집합 S의 모든 원소의 합은

$0+1+2+3+4+5+7=22$

03 구하는 부분집합은 집합 A의 원소 중에서 1, 2, 5를 제외한 집합 $\{3, 4\}$의 부분집합에 각각 1, 5를 넣은 것과 같다.

따라서 구하는 부분집합의 개수는

$2^{5-3}=2^2=4$

핵심 포인트

부분집합의 개수

원소의 개수가 n인 집합에 대하여

(1) 부분집합의 개수 ➡ 2^n

(2) 특정한 원소 m개를 포함하는 (또는 포함하지 않는) 부분집합의 개수 ➡ 2^{n-m}

(3) 진부분집합의 개수 ➡ 2^n-1

04 두 집합 $A=\{a, 2\}$, $B=\{7, b\}$에 대하여

$A\cap B=\{2\}$이므로

$b=2$

$A\cup B=\{2, 3, 7\}$이므로

$a=3$

$\therefore ab=6$

05 $A\cap B^C=A-B=\varnothing$이므로 $A\subset B$

즉, 두 집합 A, B 사이의 관계를 벤다이어그램으로 나타내면 그림과 같다.

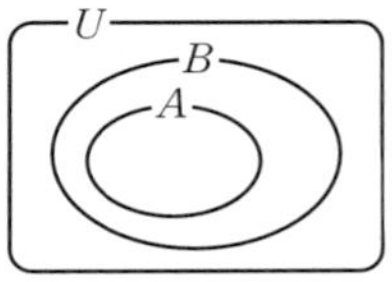

① $A \subset B$ (거짓)
② $A^C \not\subset B^C$ (거짓)
③ $A \cap B = A$ (참)
④ $A \cup B = B$ (거짓)
⑤ $A \cup B^C \neq U$ (거짓)
따라서 항상 성립하는 것은 ③이다.

06 $A^C - B^C = A^C \cap (B^C)^C$
$= A^C \cap B$
$= B - A$
$= \{1, 3, 5, 7, 9\} - \{1, 2, 3, 6\}$
$= \{5, 7, 9\}$
따라서 집합 $A^C - B^C$의 모든 원소의 합은
$5+7+9=21$

07 $A=\{1, 2, 3\}$, $B=\{2, 3, 4, 5, 6\}$에서
$A \cap B = \{2, 3\}$, $A \cup B = \{1, 2, 3, 4, 5, 6\}$
따라서 집합 X는 $\{1, 2, 3, 4, 5, 6\}$의 부분집합 중에서 2, 3을 항상 포함하는 부분집합이므로 집합 X의 개수는
$2^{6-2}=2^4=16$

08 야구부에 속해 있는 학생의 집합을 A, 배구부에 속해 있는 학생의 집합을 B라 하면 양쪽에 다 속해 있는 학생의 집합은 $A \cap B$, 야구부에만 속해 있는 학생의 집합은 $A \cap B^C$이다.
즉, $n(A)=30$, $n(B)=25$, $n(A \cap B)=15$에서
$n(A \cap B^C) = n(A) - n(A \cap B)$
$= 30 - 15 = 15$

09 '어떤'의 부정은 '모든'이고, '$2 \le x < 4$'의 부정은 '$x<2$ 또는 $x \ge 4$'이므로 주어진 명제의 부정은
'모든 x에 대하여 $x<2$ 또는 $x \ge 4$이다.'

10 명제 '$x^2-6x+8 \neq 0$이면 $x-a \neq 0$이다.'가 참이 되려면 그 대우 '$x-a=0$이면 $x^2-6x+8=0$이다.'도 참이어야 한다.
즉, $x-a=0$에서 $x=a$를 $x^2-6x+8=0$에 대입하면
$a^2-6a+8=0$, $(a-2)(a-4)=0$
$\therefore a=2$ 또는 $a=4$
따라서 모든 상수 a의 값의 합은 6이다.

11 ㄱ. $p: ab>0$ $\underset{\times}{\overset{\circ}{\rightleftarrows}}$ $q: |a+b|=|a|+|b|$ (충분조건)
[반례] $a=0$, $b=1$이면 $|a+b|=|a|+|b|$이지만 $ab=0$이다.
ㄴ. $p: a+b \ge 2$ $\underset{\times}{\overset{\circ}{\rightleftarrows}}$ $q: a \ge 1$ 또는 $b \ge 1$ (충분조건)
[반례] $a=-3$, $b=2$이면 $a \ge 1$ 또는 $b \ge 1$이지만 $a+b<2$이다.
ㄷ. $p: |a+b|=|a-b|$ $\underset{\circ}{\overset{\times}{\rightleftarrows}}$ $q: a^2+ab+b^2 \le 0$
(필요조건)
[반례] $a=0$, $b=1$이면 $|a+b|=|a-b|$이지만 $a^2+ab+b^2>0$이다.
따라서 p는 q이기 위한 충분조건이지만 필요조건이 아닌 것은 ㄱ, ㄴ이다.

12 $x^2+y^2-4x+2y+3=0$에서
$(x-2)^2+(y+1)^2=2$
이 원을 x축의 방향으로 -3만큼, y축의 방향으로 5만큼 평행이동하면
$\{(x+3)-2\}^2+\{(y-5)+1\}^2=2$
$(x+1)^2+(y-4)^2=2$
$\therefore x^2+y^2+2x-8y+15=0$
즉, 이 원이 원 $x^2+y^2+ax-8y+b=0$이므로
$a=2$, $b=15$
$\therefore a+b=17$

13 평행이동에 의하여 원 $x^2+(y-1)^2=9$를 x축의 방향으로 2만큼, y축의 방향으로 -3만큼 평행이동하면
$(x-2)^2+(y+3-1)^2=9$
$\therefore (x-2)^2+(y+2)^2=9$
이 원이 직선 $3x-4y+k=0$과 서로 다른 두 점에서 만나므로 원의 중심 $(2, -2)$에서 직선까지의 거리는 원의 반지름의 길이보다 작아야 한다.
$\dfrac{|3\times2-4\times(-2)+k|}{\sqrt{3^2+(-4)^2}}<3$
$\dfrac{|14+k|}{5}<3$
$|14+k|<15$, $-15<14+k<15$
$\therefore -29<k<1$
따라서 $m=-29$, $n=1$이므로
$n-m=30$

14

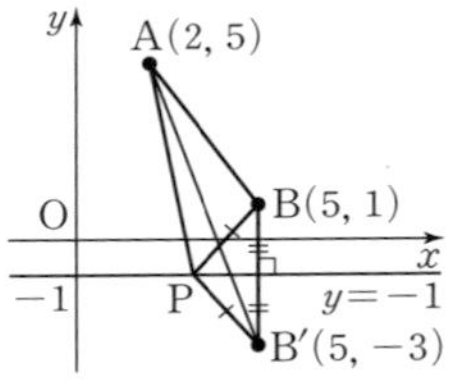

삼각형 PAB의 둘레의 길이를 l이라 하면
$l=\overline{PA}+\overline{PB}+\overline{AB}$이고, $\overline{AB}$의 길이는 일정하므로
$\overline{PA}+\overline{PB}$의 길이가 최소일 때 l도 최소이다.
점 B(5, 1)을 직선 $y=-1$에 대하여 대칭이동한 점을 B′이라 하면 B′(5, −3)이다.
$\overline{PB}=\overline{PB'}$이므로
$l=\overline{PA}+\overline{PB}+\overline{AB}$
$=\overline{PA}+\overline{PB'}+\overline{AB}$
$\ge \overline{AB'}+\overline{AB}$
따라서 l의 최솟값은
$\overline{AB'}+\overline{AB}$
$=\sqrt{(5-2)^2+(-3-5)^2}+\sqrt{(5-2)^2+(1-5)^2}$
$=5+\sqrt{73}$

핵심 포인트

대칭이동을 이용한 거리의 최솟값

좌표평면 위의 두 점 A, B와 직선 l 위의 점 P에 대하여 점 A를 직선 l에 대하여 대칭이동한 점을 A′이라 하면

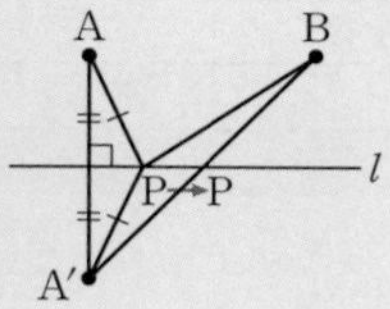

➡ $\overline{AP}+\overline{BP}=\overline{A'P}+\overline{BP}\geq\overline{A'B}$

➡ $\overline{AP}+\overline{BP}$의 최솟값은 $\overline{A'B}$

15 $n(A\cup C)=n(A)+n(C)-n(A\cap C)$에서

$8=6+4-n(A\cap C)$

$\therefore n(A\cap C)=2$

$n(B\cup C)=n(B)+n(C)-n(B\cap C)$에서

$7=5+4-n(B\cap C)$

$\therefore n(B\cap C)=2$

또 $A\cap B=\varnothing$이므로 $A\cap B\cap C=\varnothing$

$\therefore n(A\cap B)=0,\ n(A\cap B\cap C)=0$

$\therefore n(A\cup B\cup C)$

$=n(A)+n(B)+n(C)-n(A\cap B)-n(B\cap C)$
$-n(C\cap A)+n(A\cap B\cap C)$

$=6+5+4-0-2-2+0$

$=11$

16 $x^2-3|x|\leq 0$에서 $|x|^2-3|x|\leq 0$

$|x|(|x|-3)\leq 0,\ 0\leq|x|\leq 3$

$\therefore -3\leq x\leq 3$

$\{x|x\leq\alpha\}\supset\{x|-3\leq x\leq 3\}$에서 $\alpha\geq 3$

$\{x|\beta\leq x\leq 0\}\subset\{x|-3\leq x\leq 3\}$에서 $-3\leq\beta\leq 0$

$\therefore |\alpha-\beta|\geq 3$

따라서 $|\alpha-\beta|$의 최솟값은 3이다.

17 $|a+b|^2-(|a|+|b|)^2$

$=(\boxed{a^2+b^2}+2ab)-(a^2+b^2+2\boxed{|a||b|})$

$=2(\boxed{ab-|a||b|})$

이때, $|ab|\geq ab$이므로 $2(\boxed{ab-|a||b|})\leq 0$

$\therefore |a+b|^2\leq(|a|+|b|)^2$

그런데 $|a+b|\geq 0,\ |a|+|b|\geq 0$이므로

$|a+b|\leq|a|+|b|$ (단, 등호는 $ab\geq 0$일 때 성립한다.)

18 $a>0,\ b>0,\ c>0$이므로 산술평균과 기하평균의 관계에 의하여

$\frac{b+c}{a}+\frac{4c+4a}{b}+\frac{9a+9b}{c}$

$=\frac{b}{a}+\frac{c}{a}+\frac{4c}{b}+\frac{4a}{b}+\frac{9a}{c}+\frac{9b}{c}$

$=\left(\frac{b}{a}+\frac{4a}{b}\right)+\left(\frac{4c}{b}+\frac{9b}{c}\right)+\left(\frac{c}{a}+\frac{9a}{c}\right)$

$\geq 2\sqrt{\frac{b}{a}\times\frac{4a}{b}}+2\sqrt{\frac{4c}{b}\times\frac{9b}{c}}+2\sqrt{\frac{c}{a}\times\frac{9a}{c}}$

$=4+12+6=22$ $\left(\text{단, 등호는 } a=\frac{b}{2}=\frac{c}{3}\text{일 때 성립한다.}\right)$

따라서 주어진 식의 최솟값은 22이다.

19 12의 약수는 1, 2, 3, 4, 6, 12이므로

$P=\{1, 2, 3, 4, 6, 12\}$

$x^2+8=6x$에서 $x^2-6x+8=0$

$(x-2)(x-4)=0$ $\quad\therefore x=2$ 또는 $x=4$

$\therefore Q=\{2, 4\}$ ······㉮

따라서 $P-Q=\{1, 3, 6, 12\}$이므로

$P-Q$의 모든 원소의 합은 $1+3+6+12=22$ ······㉯

채점 기준	배점
㉮ 진리집합 P, Q 구하기	3점
㉯ 답 구하기	3점

20 주어진 명제의 대우는

'$a=0$ 또는 $b=0$이면 $ab=0$이다.' ······㉮

이때, $a=0$이면 $ab=0$이다. 또 $b=0$이면 $ab=0$이다.

따라서 주어진 명제의 대우가 참이므로 주어진 명제도 참이다. ······㉯

채점 기준	배점
㉮ 명제의 대우 구하기	3점
㉯ 대우의 참, 거짓 판별하여 명제 증명하기	3점

21 $A=\{x|x^2-3x-4<0\}$

$=\{x|(x+1)(x-4)<0\}$

$=\{x|-1<x<4\}$

$C=\{x|x^2-3x\leq 0\}$

$=\{x|x(x-3)\leq 0\}$

$=\{x|0\leq x\leq 3\}$

이고 세 집합 A, B, C를 $C\subset B\subset A$가 성립하도록 수직선 위에 나타내면 그림과 같다.

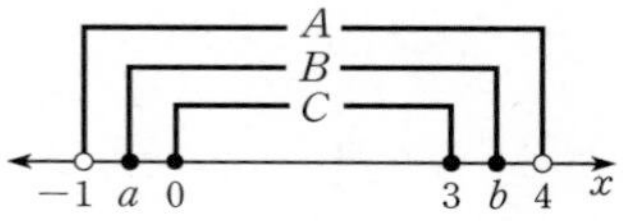

······㉮

따라서 $-1<a\leq 0,\ 3\leq b<4$이고

a, b는 정수이므로 $a=0,\ b=3$ ······㉯

$\therefore a+b=3$ ······㉰

채점 기준	배점
㉮ $C\subset B\subset A$를 수직선 위에 나타내기	2점
㉯ $a=0,\ b=3$ 구하기	2점
㉰ 답 구하기	2점

22 $A\cup B=\{1, 2, 3, 4, 5, 6, 7, 8, 9, 10\},\ A\cap B=\{2, 3\}$에서

$S(A)+S(B)=S(A\cup B)+S(A\cap B)$

$=(1+2+\cdots+10)+(2+3)$

$=60$ ······㉮

산술평균과 기하평균의 관계에 의하여

$\frac{S(A)+S(B)}{2}\geq\sqrt{S(A)S(B)}$

(단, 등호는 $S(A)=S(B)$일 때 성립한다.)

$\frac{60}{2}\geq\sqrt{S(A)S(B)}$

$\therefore S(A)S(B) \le 30^2 = 900$ ……㉯
따라서 $S(A)S(B)$의 최댓값은 900이다. ……㉰

채점 기준	배점
㉮ $S(A)+S(B)=60$ 구하기	3점
㉯ $S(A)S(B) \le 900$ 구하기	3점
㉰ 답 구하기	2점

23 원 $x^2+y^2=20$을 x축의 방향으로 -4만큼 평행이동한 후 y축에 대하여 대칭이동하면
$(x-4)^2+y^2=20$ ……㉠ ……㉮
이므로 점 Q는 이 원 위의 점이다.
삼각형 ABQ의 넓이가 최대이려면 점 Q는 직선 AB와 수직이고 원 ㉠의 중심 (4, 0)을 지나는 직선과 원 ㉠이 만나는 점이어야 한다.

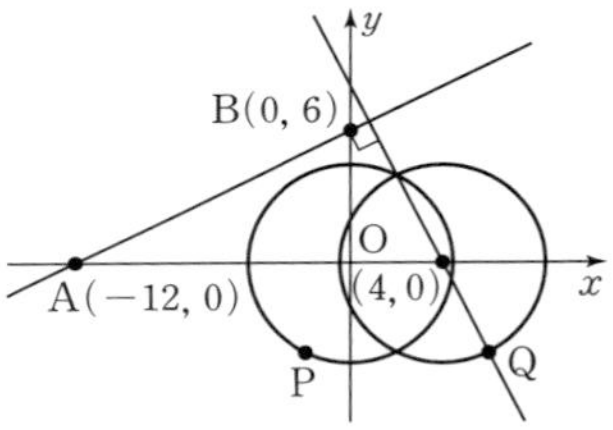

직선 AB의 기울기는 $\frac{6-0}{0-(-12)}=\frac{1}{2}$
즉, 점 (4, 0)을 지나고 기울기가 -2인 직선의 방정식은
$y=-2(x-4)$ $\quad \therefore y=-2x+8$ ……㉯
점 Q의 좌표를 (a, b)라 하면
$(a-4)^2+b^2=20$ ……㉡
$b=-2a+8$ ……㉢
㉡, ㉢을 연립하여 풀면
$(a-4)^2+(-2a+8)^2=20$
$5a^2-40a+60=0$, $a^2-8a+12=0$
$(a-2)(a-6)=0$ $\quad \therefore a=2$ 또는 $a=6$
삼각형의 넓이가 최대이려면 a는 4보다 커야 하므로
$a=6$ $\quad \therefore$ Q$(6, -4)$
점 Q를 y축에 대칭이동한 후 x축의 방향으로 4만큼 평행이동하면 P$(-2, -4)$ ……㉰
점 P$(-2, -4)$와 직선 AB: $\frac{x}{-12}+\frac{y}{6}=1$, 즉 $x-2y+12=0$
사이의 거리는
$\frac{|-2+8+12|}{\sqrt{1^2+(-2)^2}}=\frac{18}{\sqrt{5}}$
$\overline{AB}=\sqrt{12^2+6^2}=6\sqrt{5}$
따라서 삼각형 ABP의 넓이는
$\frac{1}{2}\times 6\sqrt{5}\times\frac{18}{\sqrt{5}}=54$ ……㉱

채점 기준	배점
㉮ 원 $(x-4)^2+y^2=20$ 구하기	2점
㉯ 직선 $y=-2x+8$ 구하기	2점
㉰ 점 P, Q 구하기	2점
㉱ 답 구하기	2점

20○○학년도 1학년 2학기 중간고사(4회)

01 ④	02 ②	03 ①	04 ②	05 ③
06 ②	07 ④	08 ⑤	09 ④	10 ④
11 ③	12 ③	13 ③	14 ⑤	15 ③
16 ④	17 ⑤	18 ①	19 9	20 −1
21 18	22 풀이 참조	23 7		

01 $A=\{x|x$는 8의 약수$\}=\{1, 2, 4, 8\}$이므로 집합 A는 1, 2, 4, 8을 원소로 가진다.
ㄱ. $\varnothing$은 모든 집합의 부분집합이므로 $\varnothing\subset A$ (참)
ㄴ. 4는 집합 A의 원소이므로 $4\in A$ (참)
ㄷ. 6은 집합 A의 원소가 아니므로 $\{6\}\not\subset A$ (거짓)
ㄹ. $\{1, 8\}$은 집합 A의 부분집합이므로 $\{1, 8\}\subset A$ (거짓)
ㅁ. 집합 A는 A 자신의 부분집합이므로 $A\subset A$ (참)
따라서 옳은 것만을 있는 대로 고른 것은 ㄱ, ㄴ, ㅁ이다.

02 $B\subset A$이므로 $1=a-1$ 또는 $1=a^2+3$
$1=a^2+3$, 즉 $a^2=-2$를 만족하는 실수 a는 존재하지 않으므로
$1=a-1$
$\therefore a=2$

03 $(A-B)\cup(A-B^C)=(A\cap B^C)\cup(A\cap B)$
$=A\cap(B^C\cup B)$
$=A\cap U=A$

04 원소의 개수가 n인 집합에서 특정한 원소 m개를 포함하거나 포함하지 않는 부분집합의 개수는 2^{n-m}이므로 구하는 부분집합의 개수는
$2^{4-2}=2^2=4$

05 $X\cup A=X$에서 $A\subset X$
$X\cap B^C=X$에서 $X\subset B^C$
$\therefore A\subset X\subset B^C$
$B^C=U-B$
$=\{1, 2, 3, 4, 5, 6, 7, 8\}-\{3, 4, 5\}$
$=\{1, 2, 6, 7, 8\}$
즉, 집합 X는 $\{1, 2, 6, 7, 8\}$의 부분집합 중에서 원소 2, 8을 반드시 포함하는 집합이다.
따라서 집합 X의 개수는
$2^{5-2}=2^3=8$

06 $n(A-B)=x$로 놓고 주어진 조건을 벤다이어그램으로 나타내면 그림과 같다.

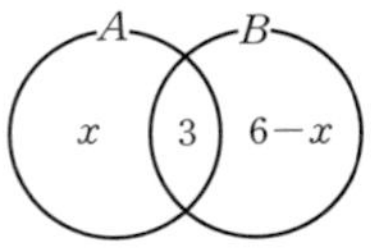

$\therefore n(A)n(B)=(x+3)(9-x)$
$=-x^2+6x+27$
$=-(x-3)^2+36$
따라서 $n(A)n(B)$의 최댓값은 $x=3$일 때 36이다.

07 주어진 명제가 참이 되려면
$\{x \mid -3 \le x \le a\} \subset \{x \mid x \le 3\}$이므로
그림에서 $-3 \le a \le 3$이어야 한다.

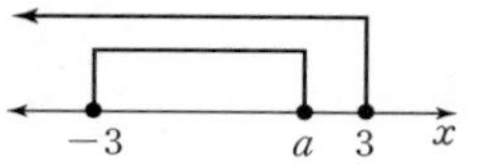

08 ① $x=1, 2, 3, 4, 5$일 때, $x+3<9$이므로
전체집합 $U=\{1, 2, 3, 4, 5\}$의 모든 x에 대하여
$x+3<9$이다. (참)
② $x=3$일 때, $x^2-9=0$이므로
전체집합 $U=\{1, 2, 3, 4, 5\}$의 어떤 x에 대하여
$x^2-9=0$이다. (참)
③ $x=3, 4, 5$일 때, $x^2>4$이므로
전체집합 $U=\{1, 2, 3, 4, 5\}$의 어떤 x에 대하여
$x^2>4$이다. (참)
④ x^2+y^2의 최댓값은 $x=5, y=5$일 때로서 $x^2+y^2=50<52$이므로 전체집합 U의 모든 x, y에 대하여 $x^2+y^2<52$이다. (참)
⑤ x^2+y^2의 최솟값은 $x=1, y=1$일 때로서 $x^2+y^2=2$이므로 $x^2+y^2<2$인 x, y는 전체집합 U에 존재하지 않는다. (거짓)

09 주어진 명제의 역을 구하여 참, 거짓을 조사해 보면
① 역 : $a^2>b^2$이면 $a>b$이다.
[반례] $a=-2, b=1$이면 $a^2>b^2$이지만 $a<b$이다. (거짓)
② 역 : $x^2=4$이면 $x=-2$이다.
[반례] $x^2=4$이면 $x=-2$ 또는 $x=2$이다. (거짓)
③ 역 : $ab=0$이면 $a=0$이고 $b=0$이다.
[반례] $a=0, b=2$이면 $ab=0$이지만 $a=0$이고 $b \ne 0$이다. (거짓)
④ 역 : $a+b<0$이고 $ab>0$이면 $a<0$이고 $b<0$이다. (참)
⑤ 역 : x가 12의 약수이면 x는 4의 약수이다.
[반례] $x=12$이면 x는 12의 약수이지만 x는 4의 약수는 아니다. (거짓)

10 $P^C \cup Q^C=U$에서 $P \cap Q=\varnothing$이므로 $Q \subset P^C$이다.
따라서 $q \longrightarrow \sim p$가 항상 참이다.

11 가정을 p, 결론을 q라 하고, 두 조건 p, q의 진리집합을 각각 P, Q라 하면
(i) $p : A \cup B=U$일 때

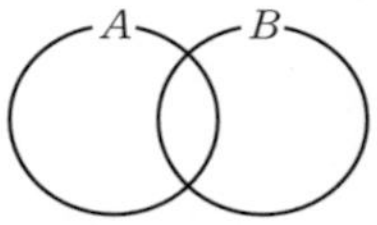

$A \cup B=U$

또는

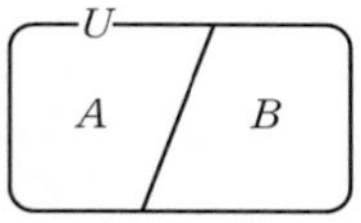

$A \cup B=U$

$q : A=B^C$일 때

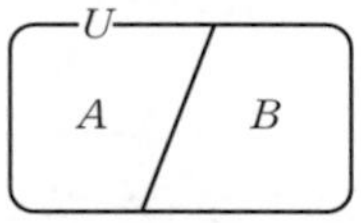

따라서 $P \supset Q$이므로 p는 q이기 위한 필요 조건이다.
(ii) $p : A \cup B=U$이고 $A \cap B=\varnothing$일 때

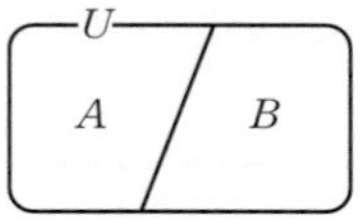

$q : A=B^C$일 때

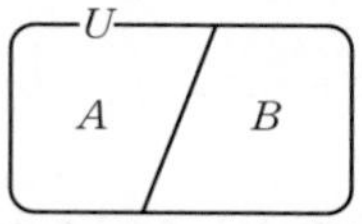

따라서 $P=Q$이므로 p가 q이기 위한 필요충분 조건이다.
∴ (가) : 필요, (나) : 필요충분

12 점 $\mathrm{P}(a, 2)$를 x축의 방향으로 -3만큼, y축의 방향으로 5만큼 평행이동한 점의 좌표는
$(a-3, 7)$
이 점을 원점에 대하여 대칭이동한 점의 좌표는
$(-a+3, -7)$
이 점이 점 $(5, b)$와 일치하므로
$-a+3=5, -7=b$
$\therefore a=-2, b=-7$
$\therefore a-b=-2-(-7)=5$

13 $y=x^2-2x+3=(x-1)^2+2$이므로 이 곡선을 x축의 방향으로 1만큼, y축의 방향으로 -1만큼 평행이동하면
$y+1=(x-1-1)^2+2$
$\therefore y=(x-2)^2+1$
따라서 이 포물선의 꼭짓점의 좌표는 $(2, 1)$
$\therefore a+b=2+1=3$

14 $A \cap B=A \Longleftrightarrow A \subset B$이므로
$a^2=a+6$ 또는 $a^2=a^2-5$ 또는 $a^2=a^2+2a$
(i) $a^2=a+6$일 때,
$a^2-a-6=0$, $(a-3)(a+2)=0$에서
$a=3$ 또는 $a=-2$
$a=3$이면 $A=\{5, 9\}$, $B=\{4, 9, 15\}$
$\therefore A \not\subset B$
$a=-2$이면 $A=\{0, 4\}$, $B=\{-1, 0, 4\}$
$\therefore A \subset B$
(ii) $a^2=a^2-5$일 때,
만족하는 a의 값이 존재하지 않는다.
(iii) $a^2=a^2+2a$일 때,
$2a=0$에서 $a=0$
$A=\{0, 2\}$, $B=\{-5, 0, 6\}$
$\therefore A \not\subset B$
(i), (ii), (iii)에 의하여 정수 a의 값은 $a=-2$
따라서 $A \cup B=B=\{-1, 0, 4\}$이므로 모든 원소의 합은 3이다.

15 $A=\{-4, -3, -2, -1, 0, 1, 2, 3, 4\}$의 부분집합의 개수는 2^9이다.
집합 A의 부분집합 중에서 $B=\{1, 2, 3, 4\}$와 서로소인 집합의 개수는 $2^{9-4}=2^5$
따라서 구하는 확률은 $\dfrac{2^5}{2^9}=\dfrac{1}{2^4}=\dfrac{1}{16}$이므로
$a=16, b=1$
$\therefore a+b=17$

16 주어진 부등식이 모든 실수 x에 대하여 항상 성립하려면
$D=b^2-4ac\le 0$이어야 하므로
(i) $k-1>0$ $\quad\therefore k>1$
(ii) $D=k^2-4(k-1)\times 2=k^2-8k+8\le 0$
$k^2-8k+8=0$의 근을 구하면 $k=4\pm 2\sqrt{2}$
$\therefore 4-2\sqrt{2}\le k\le 4+2\sqrt{2}$
(i), (ii)에서 $4-2\sqrt{2}\le k\le 4+2\sqrt{2}$
$\therefore \beta-\alpha=4+2\sqrt{2}-(4-2\sqrt{2})$
$=4\sqrt{2}$

> **핵심 포인트**
> 항상 성립하는 이차부등식
> 판별식 $D=b^2-4ac$일 때
> (1) $ax^2+bx+c>0$이 항상 성립 ➡ $a>0,\ D<0$
> (2) $ax^2+bx+c\ge 0$이 항상 성립 ➡ $a>0,\ D\le 0$
> (3) $ax^2+bx+c<0$이 항상 성립 ➡ $a<0,\ D<0$
> (4) $ax^2+bx+c\le 0$이 항상 성립 ➡ $a<0,\ D\le 0$

17 $a=2k+1$, $b=2l+1$ (k, l은 0 또는 자연수)로 놓으면
$ab=(2k+1)(2l+1)$
$=4kl+2k+2l+1$
$=2(2kl+k+l)+1$
$2kl+k+l$은 0 또는 [자연수]이므로 ab는 [홀수]이다.
따라서 주어진 명제의 대우가 [참]이므로 주어진 명제도 [참]이다.
∴ (가) : 자연수, (나) : 홀수, (다) : 참

18 x, y가 실수이므로 코시-슈바르츠의 부등식에 의하여
$(1^2+3^2)(x^2+y^2)\ge(x+3y)^2$
$x^2+y^2=10$이므로
$100\ge(x+3y)^2$ $\left(\text{단, 등호는 } x=\frac{y}{3}\text{일 때 성립한다.}\right)$
$\therefore -10\le x+3y\le 10$
따라서 $M=10$, $m=-10$이므로
$M-m=20$

> **핵심 포인트**
> 코시-슈바르츠의 부등식
> a, b, x, y가 실수일 때,
> $(a^2+b^2)(x^2+y^2)\ge(ax+by)^2$
> $\left(\text{단, 등호는 } \frac{x}{a}=\frac{y}{b}\text{일 때 성립한다.}\right)$

19

x \ y	3	4	5
1	3	4	5
2	6	8	10

$A=\{xy\mid x=1, 2, y=3, 4, 5\}$
$=\{3, 4, 5, 6, 8, 10\}$ ……㉮
그런데 $A=B$이므로
$\{3, 4, 5, 6, 8, 10\}=\{3, 6, 8, a, b, 2b\}$에서
$\{4, 5, 10\}=\{a, b, 2b\}$
따라서 $a=4$, $b=5$이므로 ……㉯
$a+b=9$ ……㉰

채점 기준	배점
㉮ 집합 A 구하기	2점
㉯ a, b 구하기	2점
㉰ 답 구하기	2점

20 점 $(4, -1)$을 x축에 대하여 대칭이동하면 $(4, 1)$
점 $(4, 1)$을 직선 $y=x$에 대하여 대칭이동하면 $(1, 4)$ ……㉮
점 $(1, 4)$를 x축의 방향으로 -2만큼 평행이동하면 $(-1, 4)$ ……㉯
점 $(-1, 4)$가 직선 $y=ax+3$ 위의 점이므로
$4=-a+3$ $\quad\therefore a=-1$ ……㉰

채점 기준	배점
㉮ 대칭이동한 점 구하기	2점
㉯ 평행이동한 점 구하기	2점
㉰ 답 구하기	2점

21 국어 영역, 수학 영역, 영어 영역을 선택한 학생들의 집합을 각각 A, B, C라 하면 모든 학생들이 세 개의 영역 중에서 적어도 한 개의 영역을 선택하였으므로
$n(A\cup B\cup C)=n(U)=90$
벤다이어그램과 같이 각 영역에 해당하는 집합의 원소의 개수를 x, y를 사용하여 나타내면 영어 영역만 선택한 학생 수는 $27-x-y$이므로

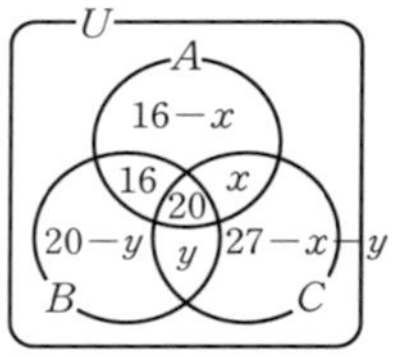

$(16-x)+16+20+x$
$+(20-y)+y+(27-x-y)=90$ ……㉮
$\therefore 27-x-y=18$
따라서 영어 영역만 선택한 학생 수는 18이다. ……㉯

채점 기준	배점
㉮ 벤다이어그램으로 나타내어 식 세우기	3점
㉯ 답 구하기	3점

22 (i) $|a|<|b|$일 때, (좌변)>0, (우변)<0이므로 주어진 부등식은 성립한다. ……㉮
(ii) $|a|\ge|b|$일 때,
$|a-b|\ge 0$, $|a|-|b|\ge 0$이므로
$|a-b|^2-(|a|-|b|)^2\ge 0$임을 보이면 된다.
$|a-b|^2-(|a|-|b|)^2$
$=a^2-2ab+b^2-(a^2-2|a||b|+b^2)$
$=2(|ab|-ab)$
이때, $|ab|\ge ab$이므로 $2(|ab|-ab)\ge 0$
여기에서 등호는 $|ab|=ab$, 즉 $ab\ge 0$일 때 성립한다. ……㉯

(i), (ii)에 의하여 $|a-b|\ge|a|-|b|$가 성립한다.

채점 기준	배점
㉮ (i)이 성립함을 보이기	4점
㉯ (ii)가 성립함을 보이기	4점

23 집합 $A=\{x_1, x_2, x_3, x_4, x_5\}$라 하면 조건 (가)에서

$x_1+x_2+x_3+x_4+x_5=41$ ······㉮

집합 $B=\left\{\dfrac{x_1+a}{2}, \dfrac{x_2+a}{2}, \dfrac{x_3+a}{2}, \dfrac{x_4+a}{2}, \dfrac{x_5+a}{2}\right\}$이므로 집합 B의 모든 원소의 합은

$$\frac{1}{2}(x_1+x_2+x_3+x_4+x_5)+\frac{5}{2}a=\frac{1}{2}\times 41+\frac{5}{2}a$$

$$=\frac{41}{2}+\frac{5}{2}a$$ ······㉯

집합 $A\cup B$의 모든 원소의 합은 집합 A의 모든 원소의 합과 집합 B의 모든 원소의 합에서 집합 $A\cap B$의 모든 원소의 합을 뺀 것과 같으므로

$$65=41+\left(\frac{41}{2}+\frac{5}{2}a\right)-(5+9)$$

$\dfrac{5}{2}a=\dfrac{35}{2}$ $\quad\therefore a=7$ ······㉰

채점 기준	배점
㉮ 조건 (가)를 이용해 식 세우기	3점
㉯ $\frac{1}{2}(x_1+x_2+x_3+x_4+x_5)+\frac{5}{2}a=\frac{41}{2}+\frac{5}{2}a$ 구하기	3점
㉰ 답 구하기	2점

20○○학년도 1학년 2학기 중간고사(5회)

01 ③	02 ②	03 ①	04 ④	05 ③
06 ③	07 ③	08 ②	09 ①	10 ⑤
11 ②	12 ⑤	13 ②	14 ④	15 ⑤
16 ④	17 ①	18 ③	19 (0, 3)	
20 풀이 참조		21 10	22 풀이 참조	
23 53				

01 ㄴ, ㄹ은 기준이 명확하지 않으므로 집합이 아니다.

02 $A=\{2, 2a+1, 4\}$, $B=\{3, 5, 3a+1\}$에서

$A\cup B=\{2, 3, 4, 5, 7\}$이므로

$2a+1=7$ 또는 $3a+1=7$

(i) $2a+1=7$일 때,

$a=3$이므로

$A=\{2, 7, 4\}$, $B=\{3, 5, 10\}$

$\therefore A\cup B=\{2, 3, 4, 5, 7, 10\}$

(ii) $3a+1=7$일 때,

$a=2$이므로

$A=\{2, 5, 4\}$, $B=\{3, 5, 7\}$

$\therefore A\cup B=\{2, 3, 4, 5, 7\}$

(i), (ii)에 의하여

$a=2$

03 $n(A\cap B)=n(A)+n(B)-n(A\cup B)$

$=15+8-20=3$

$\therefore n(A\cap B^C)=n(A)-n(A\cap B)$

$=15-3=12$

04 $A\subset B$이려면 두 조건 $-a<-5$, $a>6$을 만족해야 하므로 자연수 a의 최솟값은 7이다.

05 '모든'의 부정은 '어떤'이고, '대학교에 진학한다.'의 부정은 '대학교에 진학하지 않는다.'이다.

즉, 주어진 명제의 부정은 '어떤 고등학생은 대학교에 진학하지 않는다.'이므로 '대학교에 진학하지 않는 고등학생도 있다.'이다.

06 $x^2-x+5=3x+2$에서 $x^2-4x+3=0$

$(x-1)(x-3)=0$

$\therefore x=1$ 또는 $x=3$

따라서 조건 p의 진리집합은

$\{1, 3\}$

07 집합 $A=\{6, 9, 12, 15, 18\}$이고 집합 A의 부분집합 X는 두 원소 6, 12를 모두 포함해야 한다.

이때, 원소의 개수가 n인 집합에서 특정한 원소 m개를 포함하거나 포함하지 않는 부분집합의 개수는 2^{n-m}이므로

집합 X의 개수는 $2^{5-2}=8$

08 $(A\cup B)\cap(A\cup C)=A\cup(B\cap C)$에서
$B\cap C=\{x|1<x\le 2\}$이므로
$(B\cap C)\subset A$
$\therefore (A\cup B)\cap(A\cup C)$
$=A\cup(B\cap C)=A$
$=\{x|-1\le x\le 2\}$

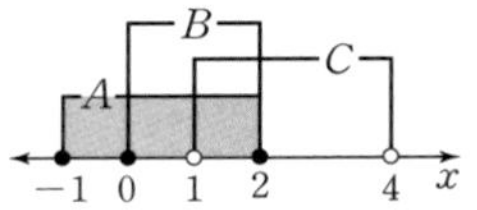

09 $A\cup X=A$이므로 $X\subset A$
$(A\cap B^C)\cup X=X$에서 $(A-B)\cup X=X$이므로
$(A-B)\subset X$
$\therefore (A-B)\subset X\subset A$
이때, $A=\{1, 2, 3, 4, 5\}$, $A-B=\{1, 2\}$이므로 집합 X는 집합 A의 부분집합 중에서 원소 1, 2를 반드시 포함하는 집합이다.
따라서 집합 X의 개수는
$2^{5-2}=8$

10 주어진 벤다이어그램에서 $R\subset P$이므로 명제 $r\longrightarrow p$는 항상 참이다.
따라서 그 대우인 명제 $\sim p\longrightarrow\sim r$도 항상 참이다.

11 ㄱ. 두 조건 p, q의 진리집합을 각각 P, Q라 하면
$x^2+x-6=0$에서 $(x+3)(x-2)=0$
$\therefore x=-3$ 또는 $x=2$
즉, $P=\{-3\}$, $Q=\{-3, 2\}$
따라서 $P\subset Q$이므로 p는 q이기 위한 충분조건이다.
ㄴ. 두 조건 p, q의 진리집합을 각각 P, Q라 하면
$P=\{1, 2, 4, 8, 16\}$, $Q=\{1, 2, 4, 8\}$이므로 $Q\subset P$
따라서 p는 q이기 위한 필요조건이다.
ㄷ. 두 조건 p, q의 진리집합을 각각 P, Q라 하면
$x^2-4=0$에서 $(x+2)(x-2)=0$
$\therefore x=-2$ 또는 $x=2$
즉, $P=\{-2, 2\}$
$|x|=2$에서 $x=\pm 2$이므로 $Q=\{-2, 2\}$
따라서 $P=Q$이므로 p는 q이기 위한 필요충분조건이다.
따라서 조건 p가 조건 q이기 위한 필요조건이지만 충분조건이 아닌 것은 ㄴ뿐이다.

12 두 조건 p, q의 진리집합을 각각 P, Q라 하면
$P=\{x||x-1|<3\}$
$=\{x|-2<x<4\}$
$Q=\{x|a+1\le x\le b-2\}$
p가 q이기 위한 충분조건이므로 $P\subset Q$

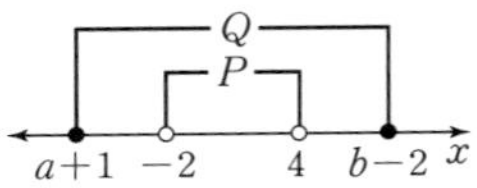

즉, $a+1\le -2$, $b-2\ge 4$에서 $a\le -3$, $b\ge 6$
따라서 a의 최댓값은 -3, b의 최솟값은 6이므로 그 합은 3이다.

13 원 $x^2+y^2-2x+4y+4=0$, 즉 $(x-1)^2+(y+2)^2=1$을 x축에 대하여 대칭이동하면
$(x-1)^2+(y-2)^2=1$
그런데 이 원과 직선 $mx-y=0$이 서로 접하므로 원의 중심 (1, 2)와 직선 $mx-y=0$ 사이의 거리는 원의 반지름의 길이와 같다. 즉,
$\frac{|m-2|}{\sqrt{m^2+1}}=1$, $|m-2|=\sqrt{m^2+1}$
양변을 제곱하면
$m^2-4m+4=m^2+1$
$\therefore m=\frac{3}{4}$

> **핵심 포인트**
> 원의 대칭이동
> 원 $(x-a)^2+(y-b)^2=r^2$을 다음에 대하여 대칭이동하면
> (1) x축: $(x-a)^2+(y+b)^2=r^2$
> (2) y축: $(x+a)^2+(y-b)^2=r^2$
> (3) 원점: $(x+a)^2+(y+b)^2=r^2$
> (4) 직선 $y=x$: $(y-a)^2+(x-b)^2=r^2$

14 직선 $y=2x-1$ 위에 있는 두 점의 좌표를 잡으면
$x=0$일 때, $y=-1$ $\quad\therefore (0, -1)$
$x=1$일 때, $y=1$ $\quad\therefore (1, 1)$
(i) 점 $(0, -1)$을 직선 $y=-x+3$에 대하여 대칭이동한 점의 좌표를 (a, b)라 하면 직선 $y=-x+3$이 이 두 점을 이은 선분의 중점 $\left(\frac{a+0}{2}, \frac{b-1}{2}\right)$을 지나므로 이 점의 좌표를 $y=-x+3$에 대입하면
$\frac{b-1}{2}=-\frac{a}{2}+3$
$b-1=-a+6$
$\therefore a+b=7$ $\quad\cdots\cdots$ ㉠
또 직선 $y=-x+3$과 두 점 $(0, -1)$, (a, b)를 지나는 직선이 수직이므로
$\frac{b-(-1)}{a-0}\times(-1)=-1$
$b+1=a$
$\therefore a-b=1$ $\quad\cdots\cdots$ ㉡
㉠, ㉡을 연립하여 풀면 $a=4$, $b=3$
$\therefore (4, 3)$
(ii) 점 $(1, 1)$을 직선 $y=-x+3$에 대하여 대칭이동한 점의 좌표를 (c, d)라 하면 직선 $y=-x+3$이 이 두 점을 이은 선분의 중점 $\left(\frac{1+c}{2}, \frac{1+d}{2}\right)$를 지나므로 이 점의 좌표를 $y=-x+3$에 대입하면
$\frac{1+d}{2}=-\frac{1+c}{2}+3$
$1+d=-(1+c)+6$
$\therefore c+d=4$ $\quad\cdots\cdots$ ㉢
또 직선 $y=-x+3$과 두 점 $(1, 1)$, (c, d)를 지나는 직선이 수직이므로
$\frac{d-1}{c-1}\times(-1)=-1$

$d-1=c-1$

$\therefore c-d=0$ ⋯⋯㉣

㉢, ㉣을 연립하여 풀면 $c=2$, $d=2$

$\therefore (2, 2)$

(ⅰ), (ⅱ)에서 두 점 $(4, 3)$, $(2, 2)$를 지나는 직선의 방정식이 $x-my+n=0$과 같으므로

$y-2=\dfrac{3-2}{4-2}(x-2)$

$\therefore x-2y+2=0$

따라서 $m=2$, $n=2$이므로 $m+n=4$

15 $a>0$, $b>0$, $a+b=1$이므로 산술평균과 기하평균의 관계에 의하여

$$\frac{2}{a}+\frac{1}{2b}=\frac{2a+2b}{a}+\frac{a+b}{2b}$$
$$=2+\frac{2b}{a}+\frac{a}{2b}+\frac{1}{2}$$
$$=\frac{5}{2}+\frac{2b}{a}+\frac{a}{2b}$$
$$\geq\frac{5}{2}+2\sqrt{\frac{2b}{a}\times\frac{a}{2b}}=\frac{9}{2}$$

$\left(\text{단, 등호는 } a=\frac{2}{3},\ b=\frac{1}{3}\text{일 때 성립}\right)$

따라서 $k\leq\frac{9}{2}$이므로 상수 k의 최댓값은 $\frac{9}{2}$이다.

> **핵심 포인트**
>
> 산술평균과 기하평균의 관계
>
> $a>0$, $b>0$일 때,
>
> $\dfrac{a+b}{2}\geq\sqrt{ab}$ (단, 등호는 $a=b$일 때 성립)

16 $\sqrt{2}+\sqrt{3}$을 유리수라고 가정하면 어떤 유리수 r에 대하여 $\sqrt{2}+\sqrt{3}=r$이다.

이 등식의 양변을 제곱하면 $2+2\sqrt{6}+3=r^2$

$\therefore \sqrt{6}=\dfrac{r^2-5}{2}$ ⋯⋯㉠

이때, 유리수에 대하여 사칙연산을 한 수는 다시 유리수이므로 ㉠의 우변은 [유리수] 이다. 이것은 $\sqrt{6}$이 [무리수] 라는 사실에 모순이다.

따라서 $\sqrt{2}+\sqrt{3}$은 [무리수] 이다.

∴ (가): 유리수, (나): 무리수, (다): 무리수

17 $A-(A\cap B^C)=A\cap(A\cap B^C)^C=A\cap(A^C\cup B)$
$=(A\cap A^C)\cup(A\cap B)$
$=\varnothing\cup(A\cap B)$
$=A\cap B$

이므로 $A\cap B\neq B$

이때, $n(A\cup B)=n(A)+n(B)-n(A\cap B)$에서

$n(A)=9$, $n(B)=6$이므로

$n(A\cup B)=15-n(A\cap B)$

즉, $n(A\cap B)$가 최소일 때, $n(A\cup B)$는 최대이다.

$A\cap B\neq\varnothing$이므로 $n(A\cap B)=1$일 때, $M=14$

또 $n(A\cap B)$가 최대일 때, $n(A\cup B)$는 최소이다.

$A\cap B\neq B$이므로 $n(A\cap B)=5$일 때, $m=10$

$\therefore M+m=14+10=24$

18 ㄱ. $A_2=\left\{k\,\middle|\,\frac{2}{k}\text{는 자연수, } k=1, 2\right\}=\{1, 2\}$

$A_4=\left\{k\,\middle|\,\frac{4}{k}\text{는 자연수, } k=1, 2, 3, 4\right\}=\{1, 2, 4\}$

$\therefore A_2\subset A_4$(참)

ㄴ. [반례] $n=2$이면

$A_3=\left\{k\,\middle|\,\frac{3}{k}\text{은 자연수, } k=1, 2, 3\right\}=\{1, 3\}$이므로

$A_2\cap A_3=\{1\}\neq A_2$(거짓)

ㄷ. 집합 A_n은 n의 양의 약수의 집합이다.

즉, $lm=n$이면 l은 n의 약수이므로

$A_l\subset A_n$

마찬가지로 $A_m\subset A_n$이다. (참)

따라서 옳은 것은 ㄱ, ㄷ이다.

19 $(2, 3)\longrightarrow(2+m, 3+n)$

에서 $2+m=-1$, $3+n=2$이므로

$m=-3$, $n=-1$ ⋯⋯㉮

따라서 평행이동 $(x, y)\longrightarrow(x-3, y-1)$에 의하여 점 $(3, 4)$가 옮겨지는 점의 좌표는

$(3, 4)\longrightarrow(3-3, 4-1)$

$\therefore (0, 3)$ ⋯⋯㉯

채점 기준	배점
㉮ $m=-3$, $n=-1$ 구하기	3점
㉯ 답 구하기	3점

20 명제: $x>1$이고 $y>1$이면 $x+y>2$이다. (참)

역: $x+y>2$이면 $x>1$이고 $y>1$이다. ⋯⋯㉮

[반례] $x=3$, $y=0$이면 $x+y>2$이지만 $x>1$이고 $y<1$이다.

따라서 주어진 명제의 역은 거짓이다. ⋯⋯㉯

대우: $x+y\leq2$이면 $x\leq1$ 또는 $y\leq1$이다. ⋯⋯㉰

주어진 명제가 참이므로 그 대우는 참이다. ⋯⋯㉱

채점 기준	배점
㉮ 역 구하기	1점
㉯ 역의 참, 거짓 판별하기	2점
㉰ 대우 구하기	1점
㉱ 대우의 참, 거짓 판별하기	2점

21 $U=\{1, 2, 3, 4, 5\}$, $A=\{1, 2, 3, 4\}$, $B=\{1, 2\}$, $C=\{1, 3, 5\}$에서

$A\blacktriangle B=(A-B)\cup(B-A)=\{3, 4\}\cup\varnothing=\{3, 4\}=D$

라 하면 ⋯⋯㉮

$(A\blacktriangle B)\blacktriangle C=D\blacktriangle C$
$=(D-C)\cup(C-D)$
$=\{4\}\cup\{1, 5\}=\{1, 4, 5\}$ ⋯⋯㉯

따라서 집합 $(A\blacktriangle B)\blacktriangle C$의 모든 원소의 합은

$1+4+5=10$ ⋯⋯㉰

채점 기준	배점
㉮ $A\blacktriangle B=\{3, 4\}$ 구하기	2점
㉯ $(A\blacktriangle B)\blacktriangle C=\{1, 4, 5\}$ 구하기	2점
㉰ 답 구하기	2점

22 $(a^2+b^2)-ab=\left(a-\frac{b}{2}\right)^2+\frac{3}{4}b^2$ ……㉮

그런데 a, b는 실수이므로

$\left(a-\frac{b}{2}\right)^2\ge 0$, $\frac{3}{4}b^2\ge 0$

$\therefore \left(a-\frac{b}{2}\right)^2+\frac{3}{4}b^2\ge 0$

즉, $a^2+b^2\ge ab$ ……㉯

등호는 $a-\frac{b}{2}=0$, $b=0$, 즉 $a=b=0$일 때에만 성립한다.

……㉰

채점 기준	배점
㉮ $(a^2+b^2)-ab=\left(a-\frac{b}{2}\right)^2+\frac{3}{4}b^2$ 식 세우기	3점
㉯ $a^2+b^2\ge ab$임을 보이기	3점
㉰ 등호는 $a=b=0$일 때에만 성립함을 보이기	2점

23 $A_2\cap(A_3\cup A_5)^C=A_2\cap(A_3^C\cap A_5^C)$

$=(A_2\cap A_3^C)\cap(A_2\cap A_5^C)$

$=(A_2-A_3)\cap(A_2-A_5)$ ……㉮

집합 $(A_2-A_3)\cap(A_2-A_5)$를 벤다이어그램으로 나타내면 그림과 같다.

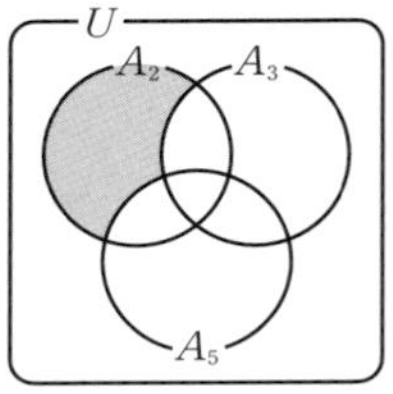

이때, $A_2\cap A_3=A_6$, $A_2\cap A_5=A_{10}$, $A_2\cap A_3\cap A_5=A_{30}$이다.

따라서 구하는 원소의 개수는

$n(A_2\cap(A_3\cup A_5)^C)$

$=n((A_2-A_3)\cap(A_2-A_5))$

$=n(A_2)-n(A_6)-n(A_{10})+n(A_{30})$

$=100-33-20+6=53$ ……㉯

채점 기준	배점
㉮ $A_2\cap(A_3\cup A_5)^C=(A_2-A_3)\cap(A_2-A_5)$ 구하기	4점
㉯ 답 구하기	4점

20○○학년도 1학년 2학기 중간고사(6회)

01 ⑤	02 ④	03 ③	04 ②	05 ③
06 ③	07 ①	08 ⑤	09 ②	10 ①
11 ⑤	12 ④	13 ①	14 ⑤	15 ④
16 ②	17 ①	18 ③	19 $x\le -1$ 또는 $x>3$	
20 14	21 4	22 풀이 참조	23 10	

01 ⑤ 집합 A는 $\{\{\varnothing\}\}$을 원소로 갖지 않으므로 $\{\{\varnothing\}\}\notin A$이다.

02 $A\subset B$, $B\subset A$이므로 $A=B$

$A=\{x|x$는 15의 약수$\}=\{1, 3, 5, 15\}$이므로

$\{1, 3, 5, 15\}=\{1, 3, a-3, a+7\}$

이때, $a-3<a+7$이므로

$a-3=5$, $a+7=15$ $\therefore a=8$

03 집합 A의 원소의 개수는 4이므로 집합 A의 부분집합 중 1은 포함하고 5는 포함하지 않는 집합의 개수는 $2^{4-1-1}=4$

04 $(A\cup B)-(A\cap B)$를 벤다이어그램으로 나타내면 그림의 어두운 부분이다.

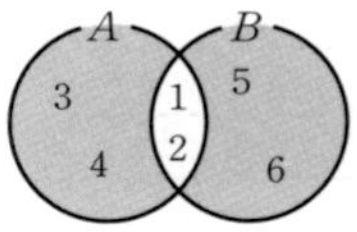

$A=\{1, 2, 3, 4\}$이므로

$(A\cup B)-(A\cap B)=\{3, 4, 5, 6\}$이려면

$A\cap B=\{1, 2\}$이고 $3\notin B$, $4\notin B$, $5\in B$, $6\in B$이어야 한다.

$\therefore B=\{1, 2, 5, 6\}$

따라서 집합 B의 모든 원소의 합은

$1+2+5+6=14$

05 $A\subset B$이므로 두 집합 A, B 사이의 관계를 벤다이어그램으로 나타내면 그림과 같다.

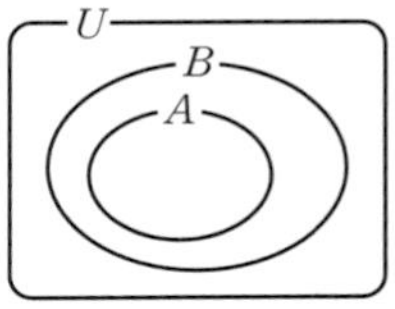

① $A\cup B=B$

② $A\cap B=A$

③ $(A\cap B)^C=A^C$

④ $B^C\subset A^C$

⑤ $A-B=\varnothing$

따라서 항상 성립한다고 할 수 없는 것은 ③이다.

06 벤다이어그램에서 어두운 부분은 $(A\cup B)-C$이다.

$\therefore (A\cup B)-C=(A\cup B)\cap C^C$

07 정수 a, b에 대하여

(i) $a=0$일 때, $b=2, 3, 4, 5, 6$으로 순서쌍 (a, b)는 5개

(ii) $a=1$일 때, $b=3, 4, 5, 6$으로 순서쌍 (a, b)는 4개

(iii) $a=2$일 때, $b=4, 5, 6$으로 순서쌍 (a, b)는 3개

(iv) $a=3$일 때, $b=5, 6$으로 순서쌍 (a, b)는 2개

(v) $a=4$일 때, $b=6$으로 순서쌍 (a, b)는 1개

따라서 조건을 만족하는 순서쌍 (a, b)의 개수는

$5+4+3+2+1=15$

08 $A-B=\{2, 3\}$, $A\cup B=\{2, 3, 4, 5, 6, 7, 8\}$
이므로 집합 X는 $A\cup B$의 부분집합 중에서 두 원소 2, 3을 반드시 포함하는 집합이다.
따라서 집합 X의 개수는
$2^{7-2}=2^5=32$

09 두 조건 p, q의 진리집합을 각각 P, Q라 할 때, 명제 $p \longrightarrow q$가 참이 되어야 하므로 $P\subset Q$이어야 한다.

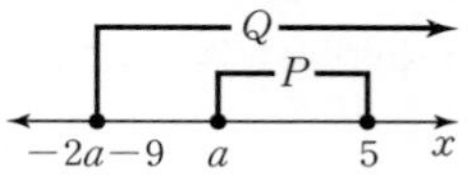

$-2a-9\le a \qquad \therefore a\ge -3$
따라서 상수 a의 최솟값은 -3이다.

10 주어진 명제의 역과 대우를 구하여 참, 거짓을 조사해 보면
① 역 : $a=0$이고 $b=0$이면 $|a|+|b|=0$이다. (참)
　대우 : $a\ne 0$ 또는 $b\ne 0$이면 $|a|+|b|\ne 0$이다. (참)
② 역 : $a\ne 2$ 또는 $b\ne 3$이면 $ab\ne 6$이다. (거짓)
　[반례] $a=3$, $b=2$이면 $a\ne 2$ 또는 $b\ne 3$이지만 $ab=6$이다.
　대우 : $a=2$이고 $b=3$이면 $ab=6$이다. (참)
③ 역 : ab가 정수이면 $a+b$도 정수이다. (거짓)
　[반례] $a=2$, $b=\frac{1}{2}$이면 $ab=1$이므로 정수이지만
　　$a+b=\frac{5}{2}$이므로 정수가 아니다.
　대우 : ab가 정수가 아니면 $a+b$도 정수가 아니다. (거짓)
　[반례] $a=\frac{1}{2}$, $b=\frac{1}{2}$이면 $ab=\frac{1}{4}$이므로 정수가 아니지만
　　$a+b=1$이므로 정수이다.
④ 역 : 평행사변형이면 정사각형이다. (거짓)
　대우 : 평행사변형이 아니면 정사각형이 아니다. (참)
⑤ 역 : $x>10$이면 $x>5$이다.
　$p : x>10$에서 $P=\{x\,|\,x>10\}$
　$q : x>5$에서 $Q=\{x\,|\,x>5\}$
　$\therefore P\subset Q$ (참)
　대우 : $x\le 10$이면 $x\le 5$이다.
　$p : x\le 10$에서 $P=\{x\,|\,x\le 10\}$
　$q : x\le 5$에서 $Q=\{x\,|\,x\le 5\}$
　$\therefore P\not\subset Q$ (거짓)
따라서 주어진 명제의 역과 대우가 모두 참인 것은 ①이다.

11 세 집합 P, Q, R의 포함 관계를 벤다이어그램으로 나타내면 그림과 같다.
이때, $R\subset P$이므로 명제 $r \longrightarrow p$는 참이다.

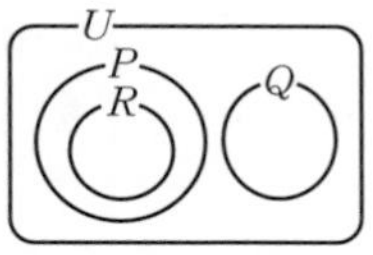

12 ㄱ. $p \underset{\circ}{\overset{\times}{\rightleftarrows}} q$ (필요조건)
　[반례] $x=1$, $y=-1$이면 $x^4=y^4$이지만 $x\ne y$이다.
ㄴ. $p \underset{\times}{\overset{\circ}{\rightleftarrows}} q$ (충분조건)
　[반례] $x=\frac{1}{2}$, $y=3$이면 $xy>1$이지만 $x<1$, $y>1$이다.
ㄷ. $p \underset{\times}{\overset{\circ}{\rightleftarrows}} q$ (충분조건)
　[반례] $x=0$이면 $|x|=x$이지만 $x=0$이다.
따라서 p가 q이기 위한 충분조건이지만 필요조건은 아닌 것은 ㄴ, ㄷ이다.

13 점 $(-2, 4)$를 x축의 방향으로 m만큼, y축의 방향으로 n만큼 평행이동한 점의 좌표가 $(1, a)$이므로
$m=3$, $n=a-4$
$x^2+y^2+8x-6y+21=0$에서
$(x+4)^2+(y-3)^2=4 \qquad \cdots\cdots ㉠$
$x^2+y^2+bx-10y+c=0$에서
$\left(x+\frac{b}{2}\right)^2+(y-5)^2=25+\frac{b^2}{4}-c \qquad \cdots\cdots ㉡$
㉠의 원의 중심 $(-4, 3)$을 x축의 방향으로 3만큼, y축의 방향으로 $a-4$만큼 평행이동하면
㉡의 원의 중심 $\left(-\frac{b}{2}, 5\right)$로 옮겨지므로
$-4+3=-\frac{b}{2}$
$3+(a-4)=5$
$\therefore a=6, b=2$
한편, 평행이동을 하여도 원의 반지름의 길이는 변하지 않으므로
$4=25+1-c \qquad \therefore c=22$
$\therefore a+b+c=30$

핵심 포인트

곡선의 평행이동
(1) 원 $x^2+y^2=r^2$을 x축의 방향으로 m만큼, y축의 방향으로 n만큼 평행이동한 원의 방정식은
　$(x-m)^2+(y-n)^2=r^2$
(2) 곡선 $y=ax^2+bx+c$를 x축의 방향으로 m만큼, y축의 방향으로 n만큼 평행이동한 곡선의 방정식은
　$y-n=a(x-m)^2+b(x-m)+c$
[참고] 원의 평행이동은 원의 중심의 평행이동으로, 포물선의 평행이동은 꼭짓점의 평행이동으로 생각할 수 있다.

14 점 $\mathrm{A}(1, 3)$을 x축, y축에 대하여 대칭이동한 점은 각각 $\mathrm{B}(1, -3)$, $\mathrm{C}(-1, 3)$, 점 $\mathrm{D}(a, b)$를 x축에 대하여 대칭이동한 점은 $\mathrm{E}(a, -b)$이다.
이때, 세 점 B, C, E가 한 직선 위에 있으므로 $\overline{\mathrm{BC}}$의 기울기와 $\overline{\mathrm{CE}}$의 기울기는 같다.
($\overline{\mathrm{BC}}$의 기울기)$=\frac{3-(-3)}{-1-1}=-3$
($\overline{\mathrm{CE}}$의 기울기)$=\frac{-b-3}{a-(-1)}=\frac{-b-3}{a+1}$
즉, $\frac{-b-3}{a+1}=-3$에서 $b=3a$
따라서 직선 AD의 기울기는
$\frac{b-3}{a-1}=\frac{3a-3}{a-1}=\frac{3(a-1)}{a-1}=3 \ (\because a\ne 1)$

15 $\dfrac{a+b}{2}-\sqrt{ab}=\dfrac{a+b-\boxed{(가)\ 2\sqrt{ab}}}{2}$

$=\dfrac{(\sqrt{a})^2-2\sqrt{a}\sqrt{b}+\boxed{(나)\ (\sqrt{b})^2}}{2}$

$=\dfrac{(\sqrt{a}-\boxed{(다)\ \sqrt{b}})^2}{2}\ge 0$

따라서 $\dfrac{a+b}{2}-\sqrt{ab}\ge\boxed{(라)\ 0}$ 이므로

$\dfrac{a+b}{2}\ge\sqrt{ab}$

여기서 등호가 성립하는 경우는 $\sqrt{a}-\sqrt{b}=0$,

즉 $\boxed{(마)\ a=b}$ 일 때이다.

16 $n(A\cap B)=2$, $B-A=B\cap A^C=\varnothing$을 만족시키는 집합 B는 집합 A의 부분집합이고 원소가 2개인 집합이다.

따라서 집합 B는 $\{1, 2\}$, $\{1, 3\}$, $\{1, 4\}$, $\{1, 5\}$, $\{2, 3\}$, $\{2, 4\}$, $\{2, 5\}$, $\{3, 4\}$, $\{3, 5\}$, $\{4, 5\}$의 10개이다.

이 10개의 집합 B_k에 속하는 원소는 모두 20개이므로 1, 2, 3, 4, 5는 각각 4번씩 포함된다.

$\therefore a_1+a_2+a_3+\cdots+a_n=(1+2+3+4+5)\times 4=60$

17 직선 $y=\dfrac{1}{2}x-2$ 위에 있는 두 점 $(0, -2)$, $(2, -1)$을 잡으면

(i) 점 $(0, -2)$를 직선 $y=2x+1$에 대하여 대칭이동한 점의 좌표를 (a, b)라 하면

두 점을 이은 선분의 중점 $\left(\dfrac{a}{2}, \dfrac{b-2}{2}\right)$가 직선 $y=2x+1$ 위에 있으므로

$\dfrac{b-2}{2}=2\times\dfrac{a}{2}+1$, $b-2=2a+2$

$\therefore 2a-b=-4$ ······ ㉠

직선 $y=2x+1$과 두 점 $(0, -2)$, (a, b)를 지나는 직선이 수직이므로

$\dfrac{b-(-2)}{a-0}\times 2=-1$, $2b+4=-a$

$\therefore a+2b=-4$ ······ ㉡

㉠, ㉡을 연립하여 풀면 $a=-\dfrac{12}{5}$, $b=-\dfrac{4}{5}$

즉, 점 $(0, -2)$를 직선 $y=2x+1$에 대하여 대칭이동한 점의 좌표는 $\left(-\dfrac{12}{5}, -\dfrac{4}{5}\right)$

(ii) 점 $(2, -1)$을 직선 $y=2x+1$에 대하여 대칭이동한 점의 좌표를 (c, d)라 하면

두 점을 이은 선분의 중점 $\left(\dfrac{c+2}{2}, \dfrac{d-1}{2}\right)$이 직선 $y=2x+1$ 위에 있으므로

$\dfrac{d-1}{2}=2\times\dfrac{c+2}{2}+1$, $d-1=2c+6$

$\therefore 2c-d=-7$ ······ ㉢

직선 $y=2x+1$과 두 점 $(2, -1)$, (c, d)를 지나는 직선이 수직이므로

$\dfrac{d-(-1)}{c-2}\times 2=-1$, $2d+2=-c+2$

$\therefore c+2d=0$ ······ ㉣

㉢, ㉣을 연립하여 풀면 $c=-\dfrac{14}{5}$, $d=\dfrac{7}{5}$

즉, 점 $(2, -1)$을 직선 $y=2x+1$에 대하여 대칭이동한 점의 좌표는 $\left(-\dfrac{14}{5}, \dfrac{7}{5}\right)$

(i), (ii)에서 두 점 $\left(-\dfrac{12}{5}, -\dfrac{4}{5}\right)$, $\left(-\dfrac{14}{5}, \dfrac{7}{5}\right)$을 지나는 직선의 방정식은

$y-\left(-\dfrac{4}{5}\right)=\dfrac{\frac{7}{5}-\left(-\frac{4}{5}\right)}{-\frac{14}{5}-\left(-\frac{12}{5}\right)}\left\{x-\left(-\dfrac{12}{5}\right)\right\}$

$y-\left(-\dfrac{4}{5}\right)=\dfrac{11}{-2}\left\{x-\left(-\dfrac{12}{5}\right)\right\}$

$\therefore 11x+2y+28=0$ $\left(\text{또는 } y=-\dfrac{11}{2}x-14\right)$

따라서 $m=-\dfrac{11}{2}$, $n=-14$이므로

$m+n=-\dfrac{39}{2}$

18 세 집합 A, B, C를 벤다이어그램으로 나타내고 그림과 같이 각 영역의 원소의 개수를 각각 a, b, c, d, e, f, g라 하자.

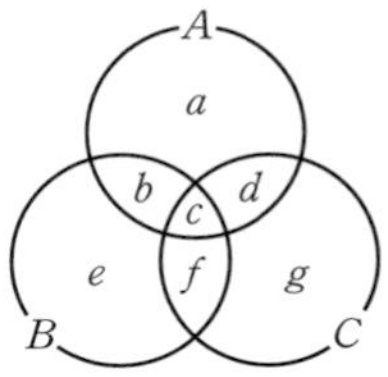

$n(A\cap B\cap C)=c=10$

$n(A\cup B\cup C)$

$=a+b+c+d+e+f+g=75$

$\therefore a+b+d+e+f+g=65$ ······ ㉠

이때,

$n(A\triangle B)=a+d+e+f$,

$n(B\triangle C)=b+d+e+g$,

$n(C\triangle A)=a+b+f+g$

이므로

$n(A\triangle B)+n(B\triangle C)+n(C\triangle A)$

$=2(a+b+d+e+f+g)$

$=2\times 65$ ($\because$ ㉠)

$=130$

19 조건 '$-1<x\le 3$'은 '$x>-1$이고 $x\le 3$'과 같으므로 부정은 ······ ㉮

'$x\le -1$ 또는 $x>3$' ······ ㉯

채점 기준	배점
㉮ 주어진 명제가 '$x>-1$이고 $x\le 3$'과 같음을 보이기	3점
㉯ 답 구하기	3점

20 $n(A^C\cap B^C)=n((A\cup B)^C)=n(U)-n(A\cup B)$이므로

$n(A\cup B)=n(U)-n(A^C\cap B^C)$

$=30-6=24$ ······ ㉮

또 $n(B-A)=n(A\cup B)-n(A)$이므로

$n(A)=n(A\cup B)-n(B-A)$

$=24-10=14$ ······ ㉯

채점 기준	배점
㉮ $n(A\cup B)$ 구하기	3점
㉯ 답 구하기	3점

21 $a>0$, $b>0$이므로 산술평균과 기하평균의 관계에서

$$(a+b)\left(\frac{1}{a}+\frac{1}{b}\right)=1+\frac{a}{b}+\frac{b}{a}+1$$

$$=\frac{b}{a}+\frac{a}{b}+2 \quad \cdots\cdots ㉮$$

$$\ge 2\sqrt{\frac{b}{a}\times\frac{a}{b}}+2 \quad \cdots\cdots ㉯$$

$$=2+2=4$$

$\left(\text{단, 등호는 } \frac{b}{a}=\frac{a}{b}\text{, 즉 } a=b\text{일 때 성립한다.}\right)$

따라서 구하는 최솟값은 4이다. ……㉰

채점 기준	배점
㉮ $(a+b)\left(\frac{1}{a}+\frac{1}{b}\right)=\frac{b}{a}+\frac{a}{b}+2$ 구하기	2점
㉯ $(a+b)\left(\frac{1}{a}+\frac{1}{b}\right)\ge 2\sqrt{\frac{b}{a}\times\frac{a}{b}}+2$ 구하기	2점
㉰ 답 구하기	2점

22 주어진 명제의 대우 '자연수 n에 대하여 n이 짝수이면 n^2도 짝수이다.'가 참임을 증명하면 된다. ……㉮

n이 짝수이므로 $n=2k$ (k는 자연수)로 놓으면 ……㉯

$n^2=(2k)^2=4k^2=2(2k^2)$

이때, $2k^2$은 자연수이므로 n^2도 짝수이다.

따라서 주어진 명제의 대우가 참이므로 명제 '자연수 n에 대하여 n^2이 홀수이면 n도 홀수이다.'도 참이다. ……㉰

채점 기준	배점
㉮ 주어진 명제의 대우 구하기	3점
㉯ $n=2k$로 놓기	3점
㉰ 주어진 명제가 참임을 보이기	2점

핵심 포인트

명제의 역과 대우

(1) 명제가 참이면 그 대우도 참이다.

(2) 명제가 참인 경우 역이 반드시 참인 것은 아니다.

23 $a\in A_1$, $b\in A_2$, $c\in A_3$에서

$a=4p_1+1$, $b=4p_2+2$, $c=4p_3+3$

(단, p_1, p_2, p_3은 0 또는 자연수)

$\therefore ab-c=(4p_1+1)(4p_2+2)-4p_3-3$

$=16p_1p_2+8p_1+4p_2+2-4p_3-3$

$=4(4p_1p_2+2p_1+p_2-p_3)-1$

$=4(4p_1p_2+2p_1+p_2-p_3-1)+3\in A_3$ ……㉮

$d\in B_2$, $e\in B_3$, $f\in B_4$에서

$d=5q_1+2$, $e=5q_2+3$, $f=5q_3+4$

(단, q_1, q_2, q_3은 0 또는 자연수)

$\therefore d-ef=5q_1+2-(5q_2+3)(5q_3+4)$

$=5q_1+2-25q_2q_3-20q_2-15q_3-12$

$=5(q_1-5q_2q_3-4q_2-3q_3-2)\in B_0$ ……㉯

$\therefore m=3$, $n=0$

$A_3=\{3, 7, 11, 15, 19, 23, 27, 31, 35, 39, \cdots, 199\}$

$B_0=\{5, 10, 15, 20, 25, 30, 35, 40, \cdots, 200\}$

$\therefore A_3\cap B_0=\{15, 35, 55, 75, 95, 115, 135, 155, 175, 195\}$

따라서 구하는 원소의 개수는 10이다. ……㉰

채점 기준	배점
㉮ $ab-c\in A_3$ 구하기	3점
㉯ $d-ef\in B_0$ 구하기	3점
㉰ 답 구하기	2점

20○○학년도 1학년 2학기 중간고사(7회)

01 ③	02 ②	03 ④	04 ⑤	05 ③
06 ①	07 ④	08 ③	09 ③	10 ②
11 ①	12 ④	13 ⑤	14 ②	15 ①
16 ④	17 ②	18 ⑤	19 18	20 −1
21 풀이 참조		22 19	23 72	

01 ① [반례] 3은 소수이지만 짝수가 아니다. (거짓)
② x의 값에 따라 참, 거짓이 달라지므로 명제가 아니다.
③ $A=\{x|x$는 4의 배수$\}=\{4, 8, 12, 16, \cdots\}$
$B=\{x|x$는 2의 배수$\}=\{2, 4, 6, 8, \cdots\}$
즉, $A\subset B$이므로 x가 4의 배수이면 2의 배수이다. (참)
④ [반례] $x=-2$, $y=3$일 때, $x+y\geq 0$이지만 $x<0$이다. (거짓)
⑤ [반례] $x=2$, $y=3$일 때, $xy=6$은 짝수이지만 y는 홀수이다. (거짓)

02 $A=\{0, 1\}$이므로 $n(A)=2$
$B=\{5, 10, 15\}$이므로 $n(B)=3$
$C=\{1, 3, 5\}$이므로 $n(C)=3$
$\therefore n(A)+n(B)+n(C)=8$

03 $A\cap B=\{3\}$에서 $3\in B$이므로
$a-1=3$　　$\therefore a=4$
$\therefore A=\{1, 3, a+1\}=\{1, 3, 5\}$

04 $A\subset B$이려면 두 조건 $-a<-4$, $a>5$를 만족시켜야 하므로
$a>5$
따라서 자연수 a의 최솟값은 6이다.

05 점 $(4, 2)$를 x축의 방향으로 m만큼, y축의 방향으로 n만큼 평행이동한 점의 좌표가 $(2, 3)$이므로
$4+m=2$, $2+n=3$
$\therefore m=-2$, $n=1$
점 (a, b)를 x축의 방향으로 -2만큼, y축의 방향으로 1만큼 평행이동한 점의 좌표가 $(-1, -1)$이므로
$a-2=-1$, $b+1=-1$
$\therefore a=1$, $b=-2$
$\therefore a+b=-1$

06 $\{(A-B)\cup(A\cap B)\}-B$
$=\{(A\cap B^C)\cup(A\cap B)\}-B$
$=\{A\cap(B^C\cup B)\}-B$
$=(A\cap U)-B$
$=A-B=\varnothing$
따라서 $A-B=\varnothing$이므로 $A\subset B$

07 $A^C\cup B^C=(A\cap B)^C=\{1, 2, 4, 5, 6\}$
이므로 $A\cap B=\{3\}$
$A^C\cap B^C=(A\cup B)^C=\{5\}$
주어진 집합을 벤다이어그램으로 나타내면 그림과 같다.
$\therefore B=\{3, 4, 6\}$

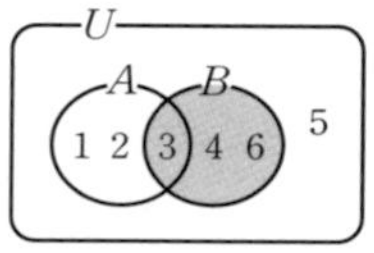

08 $\{3, 5\}\cap X=\{3, 5\}$이므로 $\{3, 5\}\subset X$
또 $X\cup A=A$이므로 $X\subset A$
따라서 $\{3, 5\}\subset X\subset A$이므로 집합 X는 원소 3, 5를 모두 포함하는 집합 A의 부분집합이다.
따라서 집합 X의 개수는 $2^{5-2}=2^3=8$

09 글짓기를 희망하는 학생의 집합을 A,
포스터 그리기를 희망하는 학생의 집합을 B라 하면
글짓기와 포스터 그리기를 모두 희망하는 학생의 집합은 $A\cap B$이다.
글짓기 또는 포스터 그리기를 희망하는 학생의 집합은 $A\cup B$이므로
$n(A\cup B)=n(A)+n(B)-n(A\cap B)$
$=27+10-4=33$

10 $P=\{x|1<x<3\}$, $Q=\{x|a-1<x<a+2\}$라 하면
모든 $x\in P$에 대하여 $x\in Q$이므로
$P\subset Q$이어야 한다.
즉, $a-1\leq 1$, $a+2\geq 3$이므로
$1\leq a\leq 2$

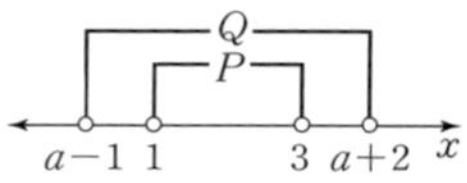

11 곡선 $y=x^2-3$을 x축에 대하여 대칭이동하면
$y=-x^2+3$　　……㉠
곡선 ㉠을 y축의 방향으로 a만큼 평행이동하면
$y-a=-x^2+3$　　……㉡
곡선 ㉡이 직선 $y=2x+2$에 접하려면
$x^2+2x-1-a=0$의 판별식을 D라 할 때,
$\frac{D}{4}=1-(-1-a)=0$이어야 하므로
$a=-2$

핵심 포인트

이차함수의 그래프와 직선의 위치 관계
이차함수의 식과 직선의 식을 연립한 이차방정식의 판별식을 D라 할 때,
(1) $D>0$이면 서로 다른 두 점에서 만난다.
(2) $D=0$이면 한 점에서 만난다. (접한다.)
(3) $D<0$이면 만나지 않는다.

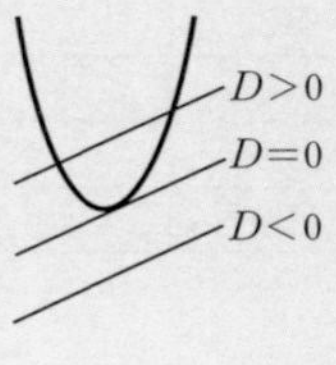

12 $A_2\cap(A_3\cup A_4)=(A_2\cap A_3)\cup(A_2\cap A_4)$
$=A_6\cup A_4$

이므로

$n(A_6 \cup A_4) = n(A_6) + n(A_4) - n(A_6 \cap A_4)$

$= n(A_6) + n(A_4) - n(A_{12})$

$= 16 + 25 - 8$

$= 33$

13 p가 q이기 위한 충분조건이므로 $P \subset Q$

$\therefore \{(P-Q) \cup (P-Q^C)\} \cap Q^C$

$= \{(P \cap Q^C) \cup (P \cap Q)\} \cap Q^C$

$= \{P \cap (Q^C \cup Q)\} \cap Q^C$

$= (P \cap U) \cap Q^C = P \cap Q^C$

$= P - Q = \varnothing$

14 (가)~(다)의 세 진술 중 하나는 참이므로 (나), (다) 중 하나가 참이라고 가정해 보자.

이때, (가)가 거짓이므로 첫 번째 공은 빨간색이 되어 나머지 2개 중 하나는 노란색이어야 한다. 그런데 (나), (다)에서 둘 다 '노란색이다.' 또는 '노란색이 아니다.' 라고 주장하게 되므로 모순이 된다. 즉, (나), (다) 모두가 거짓이다.

따라서 (가)가 참이 되고 (나)는 거짓이므로 두 번째 공은 노란색이고 첫 번째 공은 흰색, 세 번째 공은 빨간색이다.

15 점 A(3, 2)를 직선 $y=x$에 대하여 대칭이동한 점 A′(2, 3)과 점 A(3, 2)를 x축에 대하여 대칭이동한 점 A″(3, −2)에 대하여

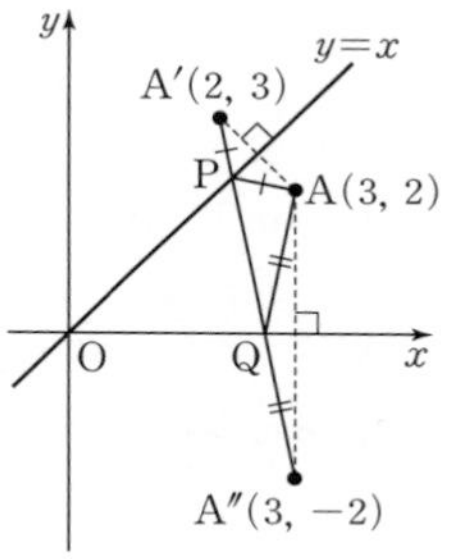

$\overline{AP} = \overline{A'P}$, $\overline{QA} = \overline{QA''}$이므로

$\overline{AP} + \overline{PQ} + \overline{QA}$

$= \overline{A'P} + \overline{PQ} + \overline{QA''} \ge \overline{A'A''}$

즉, $\overline{A'A''}$의 길이가 $\overline{AP} + \overline{PQ} + \overline{QA}$의 최솟값이 된다.

$\therefore \sqrt{(3-2)^2 + (-2-3)^2} = \sqrt{26}$

16 주어진 명제의 대우는

'두 자연수 a, b에 대하여 ab가 홀수이면 a^2+b^2이 [짝수] 이다.'

ab가 홀수이면 a, b는 모두 [홀수] 이므로

$a=2m+1$, $b=2n+1$ (m, n은 0 또는 자연수)로 놓으면

$a^2+b^2 = (2m+1)^2 + (2n+1)^2$

$= 2(2m^2+2n^2+2m+2n+1)$

이때, $2m^2+2n^2+2m+2n+1$은 자연수이므로 a^2+b^2은 [짝수] 이다.

따라서 주어진 명제의 대우가 참이므로 주어진 명제도 참이다.

$\therefore$ (가) : 짝수, (나) : 홀수, (다) : 짝수

17 ㄱ. $N_4 = \{1, 5, 9\}$, $N_2 = \{1, 3, 5, 7, 9\}$이므로 $N_4 \subset N_2$ (참)

ㄴ. $N_1 = \{1, 2, 3, \cdots, 10\} = U$이므로 임의의 자연수 k에 대하여 $N_k \subset N_1$이다. (참)

ㄷ. [반례] $p=2$, $q=3$이면

2, 3은 서로소이지만 $N_3 = \{1, 4, 7, 10\}$이므로

$N_2 \cap N_3 = \{1, 7\}$ (거짓)

따라서 옳은 것은 ㄱ, ㄴ이다.

18 $x+y+z=5$, $x^2+y^2+z^2=11$에서

$y+z=5-x$, $y^2+z^2=11-x^2$

이때, y, z는 실수이므로 코시-슈바르츠의 부등식에 의하여

$(1^2+1^2)(y^2+z^2) \ge (y+z)^2$ (단, 등호는 $y=z$일 때 성립)

$2(11-x^2) \ge (5-x)^2$, $3x^2-10x+3 \le 0$

$(3x-1)(x-3) \le 0$

$\therefore \frac{1}{3} \le x \le 3$

따라서 x의 최댓값은 3, 최솟값은 $\frac{1}{3}$이므로 그 합은

$3 + \frac{1}{3} = \frac{10}{3}$

> **핵심 포인트**
>
> 코시-슈바르츠의 부등식
>
> a, b, x, y가 실수일 때,
>
> $(a^2+b^2)(x^2+y^2) \ge (ax+by)^2$
>
> $\left(\text{단, 등호는 } \frac{x}{a} = \frac{y}{b} \text{ 일 때 성립}\right)$

19 $\sim p : x \ge 5$이고 $x < 8$, 즉 $\sim p : 5 \le x < 8$

이므로 $\sim p$의 진리집합은 $\{5, 6, 7\}$ ······ ㉮

따라서 $\sim p$의 진리집합의 모든 원소의 합은 18이다. ······ ㉯

[다른 풀이]

조건 p의 진리집합을 P라 하면

$P = \{1, 2, 3, 4, 8, 9, 10\}$

이므로 $\sim p$의 진리집합은 $P^C = \{5, 6, 7\}$

따라서 $\sim p$의 진리집합의 모든 원소의 합은 18이다.

채점 기준	배점
㉮ $\sim p$의 진리집합 구하기	3점
㉯ 답 구하기	3점

20 조건 p의 진리집합을 P라 하고, 두 조건 $|x| > a$, $|x| > b$의 진리집합을 각각 Q, R라 하면

$P = \{x \mid x < -3 \text{ 또는 } x > 4\}$

$Q = \{x \mid x < -a \text{ 또는 } x > a\}$

$R = \{x \mid x < -b \text{ 또는 } x > b\}$

이때, $|x| > a$는 p이기 위한 필요조건이려면 $P \subset Q$이고, $|x| > b$는 p이기 위한 충분조건이려면 $R \subset P$이어야 한다.

즉, $R \subset P \subset Q$이다. ······ ㉮

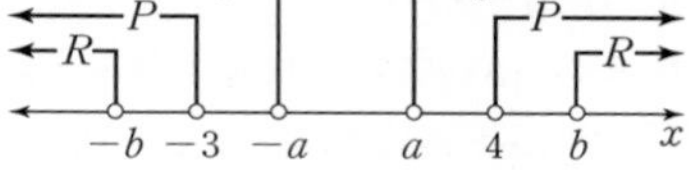

$-3 \le -a$, $a \le 4$에서 $0 < a \le 3$ ($\because a > 0$)

$-b \le -3$, $4 \le b$에서 $b \ge 4$ ······ ㉯

따라서 $M=3$, $N=4$이므로

$M - N = -1$ ······ ㉰

채점 기준	배점
㉮ $R \subset P \subset Q$ 구하기	2점
㉯ $0 < a \le 3$, $b \ge 4$ 구하기	2점
㉰ 답 구하기	2점

21 $|a+b|\ge 0$, $|a|+|b|\ge 0$이므로 양변의 제곱의 차를 비교하면

$(|a|+|b|)^2-|a+b|^2$
$=|a|^2+2|a||b|+|b|^2-(a+b)^2$
$=a^2+2|ab|+b^2-(a^2+2ab+b^2)$
$=2(|ab|-ab)$ ……㉮

그런데 $|ab|\ge ab$이므로 $2(|ab|-ab)\ge 0$ ……㉯

따라서 $|a+b|^2\le(|a|+|b|)^2$이므로

$|a+b|\le|a|+|b|$ ……㉰

여기서 등호는 $|ab|=ab$, 즉 $ab\ge 0$일 때 성립한다.

채점 기준	배점
㉮ $(\lvert a\rvert+\lvert b\rvert)^2-\lvert a+b\rvert^2=2(\lvert ab\rvert-ab)$ 구하기	2점
㉯ $2(\lvert ab\rvert-ab)\ge 0$ 구하기	2점
㉰ 주어진 식이 성립함을 보이기	2점

22 물리, 화학, 생물, 지구과학을 좋아하는 학생들의 집합을 각각 A, B, C, D라 하면

$n(A)=90$, $n(B)=78$, $n(C)=85$, $n(D)=66$

$n(A\cap B)$의 최솟값은 $n(A\cup B)=n(U)=100$일 때이므로

$n(A\cap B)=n(A)+n(B)-n(A\cup B)$
$=90+78-100=68$ ……㉮

$n(C\cap D)$의 최솟값은 $n(C\cup D)=n(U)=100$일 때이므로

$n(C\cap D)=n(C)+n(D)-n(C\cup D)$
$=85+66-100=51$ ……㉯

이므로 $n(A\cap B\cap C\cap D)$의 최솟값은 $68+51-100=19$

따라서 네 과목을 모두 좋아하는 학생 수의 최솟값은 19이다. ……㉰

채점 기준	배점
㉮ 물리와 화학을 모두 좋아하는 학생 수의 최솟값	3점
㉯ 생물과 지구과학을 모두 좋아하는 학생 수의 최솟값	3점
㉰ 답 구하기	2점

23 집합 X_k는 집합 B의 부분집합 중 원소 1, 2를 반드시 포함하는 부분집합이므로 그 개수는

$2^{5-2}=8$

$\therefore n=8$ ……㉮

(i) 집합 X_k가 1, 2를 반드시 포함하고 3, 4, 5 모두 원소로 갖지 않는 경우는
{1, 2}의 1가지

(ii) 집합 X_k가 1, 2를 반드시 포함하고 3, 4, 5 중 1개만 원소로 갖는 경우는
{1, 2, 3}, {1, 2, 4}, {1, 2, 5}의 3가지

(iii) 집합 X_k가 1, 2를 반드시 포함하고 3, 4, 5 중 2개를 원소로 갖는 경우는
{1, 2, 3, 4}, {1, 2, 3, 5}, {1, 2, 4, 5}
의 3가지

(iv) 집합 X_k가 집합 B의 원소를 모두 포함하는 경우는 1가지

(i)~(iv)에서 $X_1, X_2, X_3, \cdots, X_8$의 모든 원소 중 1, 2는 모두 8번씩 들어 있고, 3, 4, 5가 들어 있는 횟수는 각각

$\frac{1\times3+2\times3+3\times1}{3}=4$ ……㉯

이므로

$a_1+a_2+a_3+\cdots+a_8=(1+2)\times8+(3+4+5)\times4$
$=24+48=72$ ……㉰

[다른 풀이]

1, 2를 포함한 집합 B의 부분집합 중 3을 포함한 부분집합의 개수는 $2^2=4$이므로 3은 모두 4번 들어 있다.

같은 방법으로 하면 4, 5도 각각 4번씩 들어 있다.

한편, 1, 2는 모든 집합에 들어 있으므로 각각 8번씩 들어 있다.

$\therefore a_1+a_2+a_3+\cdots+a_8=(1+2)\times8+(3+4+5)\times4$
$=24+48=72$

채점 기준	배점
㉮ $n=8$ 구하기	3점
㉯ 집합 X_k ($k=1, 2, \cdots, 8$)에 1, 2, 3, 4, 5가 들어 있는 횟수 구하기	3점
㉰ 답 구하기	2점

20○○학년도 1학년 2학기 중간고사(8회)

01 ③	02 ⑤	03 ②	04 ②	05 ①
06 ④	07 ⑤	08 ③	09 ④	10 ②
11 ①	12 ②	13 ⑤	14 ④	15 ①
16 ③	17 ③	18 ⑤	19 $x+2y-2=0$	
20 6	21 풀이 참조		22 33	23 150

01 $A=\{1, 2, 3, a+1\}$, $B=\{4, 5, a\}$에서
$A-B=\{1, 2\}$이므로 $a=3$, $a+1=4$
$\therefore a=3$

02 $A\subset B$이고 $B\subset A$이면 $A=B$이므로
$a+2=2$ 또는 $a+2=6-a$
(i) $a+2=2$에서 $a=0$이므로
$A=\{-2, 2\}$, $B=\{2, 6\}$
$\therefore A\neq B$
(ii) $a+2=6-a$에서 $a=2$이므로
$A=\{2, 4\}$, $B=\{2, 4\}$
$\therefore A=B$
(i), (ii)에 의하여 구하는 a의 값은 2이다.

03 $A\cap B=A$이면 $A\subset B$이므로 집합 A, B의 관계를 수직선 위에 나타내면 그림과 같다.

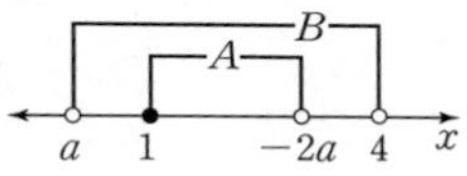

$\therefore a<1$, $-2a\leq 4$
$\therefore -2\leq a<1$
따라서 정수 a는 -2, -1, 0의 3개이다.
그런데 집합 A에서 $-2a$는 1보다 크므로
$-2a>1$ $\quad\therefore a<-\frac{1}{2}$
$\therefore a=-2, -1$
따라서 구하는 정수 a의 개수는 2이다.

04 $A\subset B\subset C$가 되도록 각 집합을 수직선 위에 나타내면 그림과 같다.

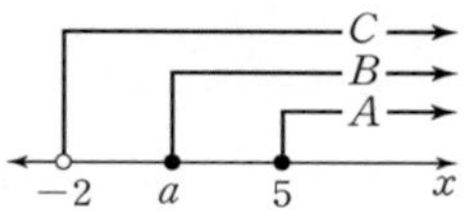

이때, $-2<a\leq 5$이므로
정수 a는 $-1, 0, 1, 2, 3, 4, 5$의 7개이다.

05 $A-\{(A-B)\cup(A-B^C)\}$
$=A-[(A-B)\cup\{A\cap(B^C)^C\}]$
$=A-\{(A\cap B^C)\cup(A\cap B)\}$
$=A-\{A\cap(B^C\cup B)\}$
$=A-A=\varnothing$

06 $A\cap X=X \Longleftrightarrow X\subset A$
$(A-B)\cup X=X \Longleftrightarrow (A-B)\subset X$
$\therefore (A-B)\subset X\subset A$
$A=\{3, 4, 5, 6, 7\}$, $A-B=\{3, 4\}$이므로
$\{3, 4\}\subset X\subset\{3, 4, 5, 6, 7\}$
즉, 집합 X는 집합 A의 부분집합 중에서 원소 3, 4를 반드시 포함하는 집합이다.
따라서 집합 X의 개수는
$2^{5-2}=2^3=8$

07 '모든 x에 대하여 $\sim p$ 또는 $\sim q$이다.' 의 부정은
'어떤 x에 대하여 p이고 q이다.'
즉, 'p이고 q인 x가 존재한다.' 이다.

> **핵심 포인트**
> (1) '모든 x에 대하여 $p(x)$' 의 부정
> ➡ '어떤 x에 대하여 $\sim p(x)$'
> (2) '어떤 x에 대하여 $p(x)$' 의 부정
> ➡ '모든 x에 대하여 $\sim p(x)$'

08 두 조건 p, q의 진리집합을 각각 P, Q라 하면
$U=\{1, 2, 3, 4, 5, 6, 7, 8\}$,
$P=\{2, 3, 4, 5, 6\}$, $Q=\{4, 5, 6, 7\}$
이므로 벤다이어그램으로 나타내면 그림과 같다.

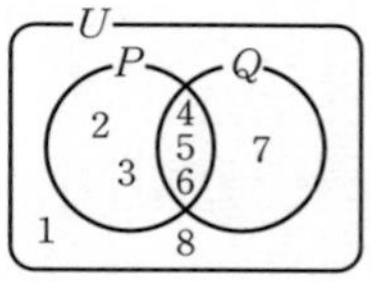

즉, 'p 또는 q' 의 진리집합은 $P\cup Q$이므로
$P\cup Q=\{2, 3, 4, 5, 6, 7\}$
따라서 모든 원소의 합은
$2+3+4+5+6+7=27$

09 명제 '$x^2-ax+6\neq 0$이면 $x-2\neq 0$이다.' 의 대우는
'$x-2=0$이면 $x^2-ax+6=0$이다.'
주어진 명제가 참이므로 대우도 참이다.
즉, $x=2$를 $x^2-ax+6=0$에 대입하면 성립해야 하므로
$4-2a+6=0$
$\therefore a=5$

10 ① $p: x>0$이고 $y>0$ $\overset{\circ}{\underset{\times}{\rightleftarrows}}$ $q: xy>0$ (충분조건)
[반례] $x=-2$, $y=-2$이면 $xy>0$이지만 $x<0$이고 $y<0$이다.
② $p: x^2=xy$ $\overset{\times}{\underset{\circ}{\rightleftarrows}}$ $q: x=y$ (필요조건)
[반례] $x=0$, $y=1$이면 $x^2=xy$이지만 $x\neq y$이다.
③ $p: x, y$는 유리수 $\overset{\circ}{\underset{\times}{\rightleftarrows}}$ $q: xy$는 유리수 (충분조건)
[반례] $x=\sqrt{2}$, $y=-\sqrt{2}$이면 xy는 유리수이지만 x, y는 무리수이다.
④ $p: x^2+y^2=0$ $\overset{\circ}{\underset{\circ}{\rightleftarrows}}$ $q: x=0, y=0$ (필요충분조건)
⑤ $p: x=y$ $\overset{\circ}{\underset{\times}{\rightleftarrows}}$ $q: x^2=y^2$ (충분조건)
[반례] $x=1$, $y=-1$이면 $x^2=y^2$이지만 $x\neq y$이다.
따라서 조건 p는 조건 q이기 위한 필요조건이지만 충분조건은 아닌 것은 ②이다.

11 두 조건 $|x|\leq a$, $4x-7<2x-1$의 진리집합을 각각 P, Q라 하면

$P=\{x \mid |x| \le a\}=\{x \mid -a \le x \le a\}$
$Q=\{x \mid 4x-7<2x-1\}=\{x \mid x<3\}$
$|x| \le a$가 $4x-7<2x-1$이기 위한 충분조건이 되려면 $P \subset Q$이어야 한다.

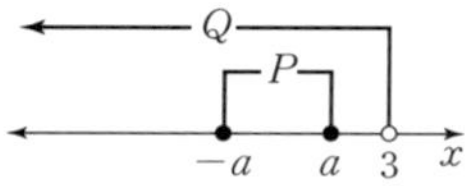

따라서 a의 값의 범위는 $0 \le a < 3$이다.

12 p는 $\sim r$이기 위한 충분조건이므로 $P \subset R^C$
q는 r이기 위한 필요조건이므로 $R \subset Q$
즉, P, Q, R의 포함 관계를 벤다이어그램으로 나타내면 그림과 같다.

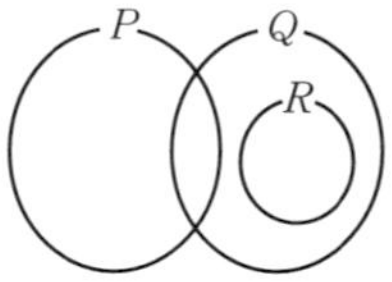

ㄱ. $P \cap Q = \varnothing$인지 알 수 없다. (거짓)
ㄴ. $P \cap R = \varnothing$ (참)
ㄷ. $Q \cap R = R$ (거짓)
따라서 항상 옳은 것은 ㄴ이다.

13 직선 $x-y+3=0$을 x축의 방향으로 m만큼, y축의 방향으로 -1만큼 평행이동한 직선의 방정식은
$(x-m)-(y+1)+3=0$, $x-y+2-m=0$
$\therefore y=x+2-m$ ……㉠
이때, $m>2$에서 직선 ㉠과 x축, y축으로 둘러싸인 부분은 그림의 어두운 부분과 같고 넓이가 32이므로

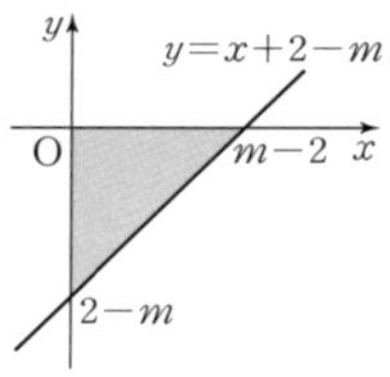

$\frac{1}{2}(m-2)^2=32$
$(m-2)^2=64$, $m-2=\pm 8$
$\therefore m=10$ ($\because m>2$)

14 점 $(2, 1)$을 직선 $y=x+3$에 대하여 대칭이동한 점의 좌표를 (a, b)라 하면 직선 $y=x+3$이 점 $(2, 1)$과 점 (a, b)의 중점 $\left(\frac{2+a}{2}, \frac{1+b}{2}\right)$를 지나므로 이 점의 좌표를 $y=x+3$에 대입하면
$\frac{1+b}{2}=\frac{2+a}{2}+3$, $1+b=2+a+6$
$\therefore a-b=-7$ ……㉠
또 직선 $y=x+3$과 두 점 $(2, 1)$, (a, b)를 지나는 직선이 서로 수직이므로
$\frac{b-1}{a-2}\times 1=-1$, $b-1=-(a-2)$
$\therefore a+b=3$ ……㉡
㉠, ㉡을 연립하여 풀면 $a=-2$, $b=5$ $\quad\therefore (-2, 5)$
점 $(-2, 5)$를 점 $(-4, 3)$에 대하여 대칭이동한 점의 좌표를 (c, d)라 하면 점 $(-2, 5)$와 점 (c, d)를 이은 선분의 중점이 $(-4, 3)$이므로
$\frac{c-2}{2}=-4$, $\frac{d+5}{2}=3$
$\therefore c=-6$, $d=1$
따라서 구하는 점의 좌표는 $(-6, 1)$이다.

> **핵심 포인트**
>
> **직선에 대한 대칭이동**
>
> 점 $\mathrm{P}(x, y)$를 직선 $y=ax+b$에 대하여 대칭이동한 점을 $\mathrm{P}'(x', y')$이라 하면 다음 두 조건 (i), (ii)를 이용하여 x', y'을 구할 수 있다.
>
> 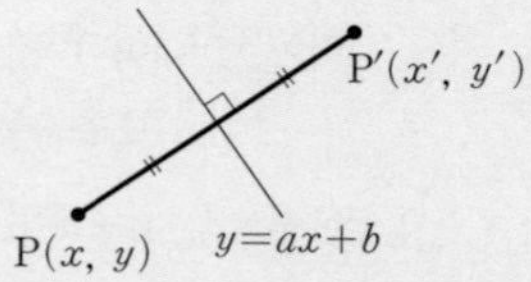
>
>
> (i) 선분 PP′의 중점 $\left(\frac{x+x'}{2}, \frac{y+y'}{2}\right)$은 직선 $y=ax+b$ 위에 있다.
> (ii) 직선 $y=ax+b$와 직선 PP′은 수직으로 만난다.
> 즉, 직선 PP′의 기울기를 m이라 하면 $am=-1$이다.

15 $a>0$, $b>0$이므로 산술평균과 기하평균의 관계에 의하여
$$(a+2b)\left(\frac{2}{a}+\frac{1}{b}\right)=2+\frac{a}{b}+\frac{4b}{a}+2 \ge 2\sqrt{\frac{a}{b}\times\frac{4b}{a}}+4 = 4+4=8$$
(단, 등호는 $\frac{a}{b}=\frac{4b}{a}$, 즉 $a=2b$일 때 성립한다.)
따라서 $(a+2b)\left(\frac{2}{a}+\frac{1}{b}\right)$의 최솟값은 8이다.

16 집합 $A=\{a, b, c\}$에 대하여 $a<b<c$라 하고 주어진 집합을 원소나열법으로 나타내면 $\{a+b, b+c, c+a\}$
이때, $a+b<a+c<b+c$이므로
$a+b=9$ ……㉠
$a+c=13$ ……㉡
$b+c=16$ ……㉢
㉠+㉡+㉢을 하면 $2(a+b+c)=38$
$\therefore a+b+c=19$ ……㉣
㉣−㉠을 하면 $c=10$
따라서 집합 A의 원소 중 가장 큰 수는 10이다.

17 ㄱ. $A_2 \cap A_3$의 원소는 2의 배수이면서 3의 배수이므로 6의 배수이다.
$\therefore A_2 \cap A_3 = A_6$ (참)
ㄴ. $A_3 \cup A_6$의 원소는 3의 배수 또는 6의 배수이므로 3의 배수이다.
$\therefore A_3 \cup A_6 = A_3$ (참)
ㄷ. [반례] $A_{12}-A_2=\varnothing$이지만 2는 12의 배수가 아니다. (거짓)
따라서 옳은 것은 ㄱ, ㄴ이다.

18 (가)에서 $(B\cap X) \subset (A \cap X)$이므로
$(B\cap X)-(A\cap X)=\varnothing$ ……㉠
$$\begin{aligned}(B\cap X)-(A\cap X)&=(B\cap X)\cap(A\cap X)^C\\&=(B\cap X)\cap(A^C\cup X^C)\\&=B\cap\{(X\cap A^C)\cup(X\cap X^C)\}\\&=B\cap X\cap A^C=B\cap A^C\cap X\\&=(B-A)\cap X\\&=\{2, 5\}\cap X=\varnothing\ (\because ㉠)\end{aligned}$$

따라서 집합 X는 $\{1, 3, 4, 6, 7\}$의 부분집합이다.
또, (나)에서 $n(X) \geq 3$이므로 $n(X)=3$ 또는 $n(X)=4$ 또는 $n(X)=5$이다.
(i) $n(X)=3$일 때,
X의 원소 중에서 가장 큰 수가 4인 집합은
$\{1, 3, 4\}$의 1개이다.
X의 원소 중에서 가장 큰 수가 6인 집합은
$\{1, 3, 6\}$, $\{1, 4, 6\}$, $\{3, 4, 6\}$의 3개이다.
X의 원소 중에서 가장 큰 수가 7인 집합은 $\{1, 3, 7\}$,
$\{1, 4, 7\}$, $\{1, 6, 7\}$, $\{3, 4, 7\}$, $\{3, 6, 7\}$, $\{4, 6, 7\}$의 6개이다.
(ii) $n(X)=4$일 때,
X의 원소 중에서 가장 큰 수가 6인 집합은 $\{1, 3, 4, 6\}$의 1개이다.
X의 원소 중에서 가장 큰 수가 7인 집합은 $\{1, 3, 4, 7\}$,
$\{1, 3, 6, 7\}$, $\{1, 4, 6, 7\}$, $\{3, 4, 6, 7\}$의 4개이다.
(iii) $n(X)=5$일 때,
X의 원소 중에서 가장 큰 수가 7인 집합은 $\{1, 3, 4, 6, 7\}$의 1개이다.
(i)~(iii)에서 구하는 값은
$4\times1+6\times3+7\times6+6\times1+7\times4+7\times1=105$

19 직선 $y=2x+2$를 직선 $y=x$에 대하여 대칭이동한 직선은
$l_1: x=2y+2$ ······㉮
직선 l_1을 x축에 대하여 대칭이동한 직선은
$l_2: x=-2y+2$
따라서 직선 l_2의 방정식은
$x+2y-2=0$ ······㉯

채점 기준	배점
㉮ 직선 l_1 구하기	3점
㉯ 답 구하기	3점

20 부분집합 중 원소의 합이 4 이하가 되려면 원소가 2개 이하가 되어야 한다.
(i) 원소가 2개이면서 원소의 합이 4 이하인 경우
$\{1, 2\}$, $\{1, 3\}$ ······㉮
(ii) 원소가 1개이면서 원소의 합이 4 이하인 경우
$\{1\}$, $\{2\}$, $\{3\}$, $\{4\}$
(i), (ii)에 의하여 구하는 부분집합의 개수는 6이다. ······㉯

채점 기준	배점
㉮ 원소가 2개이면서 합이 4 이하인 경우 구하기	3점
㉯ 답 구하기	3점

21 $b\neq0$이라 가정하면 $a+b\sqrt{2}=0$에서 $\sqrt{2}=-\dfrac{a}{b}$
즉, (무리수)=(유리수)가 되어 모순이므로 $b=0$ ······㉮
$b=0$을 $a+b\sqrt{2}=0$에 대입하면 $a=0$
따라서 두 유리수 a, b에 대하여 $a+b\sqrt{2}=0$이면
$a=b=0$이다. ······㉯

채점 기준	배점
㉮ $b=0$임을 보이기	3점
㉯ 주어진 조건이 성립함을 보이기	3점

22 첫째 날 봉사활동을 간 학생의 집합을 A, 둘째 날 봉사활동을 간 학생의 집합을 B, 셋째 날 봉사활동을 간 학생의 집합을 C라 하자.
학생들 모두 적어도 하루는 봉사활동에 참여했으므로
$n(A\cup B\cup C)=60$
3일 연속으로 봉사활동을 간 학생이 10명이므로
$n(A\cap B\cap C)=10$
첫째 날과 셋째 날 이틀 동안만 봉사활동을 간 학생이 6명이므로
$n(A\cap C)=6+10=16$
$n(A\cap B)=x$, $n(B\cap C)=y$라 하면
연속으로 이틀만 봉사활동을 간 학생의 수는
$n(A\cap B)+n(B\cap C)-2\times n(A\cap B\cap C)$
$=x+y-2\times10=x+y-20$ ······㉮
하루만 봉사활동을 간 학생의 수는
$n(A\cup B\cup C)-n(A\cap B)-n(B\cap C)-n(C\cap A)$
$+2\times n(A\cap B\cap C)$
$=60-x-y-16+2\times10$
$=64-(x+y)$ ······㉯
하루만 봉사활동을 간 학생의 수가 연속으로 이틀만 봉사활동을 간 학생의 수의 3배이므로
$64-(x+y)=3(x+y-20)$
$\therefore x+y=31$ ······㉰
따라서 하루만 봉사활동을 간 학생의 수는
$64-(x+y)=64-31=33$ ······㉱

채점 기준	배점
㉮ 연속으로 이틀만 봉사활동을 간 학생의 수 구하기	2점
㉯ 하루만 봉사활동을 간 학생의 수 구하기	2점
㉰ $x+y=31$ 구하기	2점
㉱ 답 구하기	2점

23 $U=\{1, 3, 5, 7, 9\}$의 부분집합 중 1을 포함하고 원소의 개수가 3인 부분집합은
$\{1, 3, 5\}$, $\{1, 3, 7\}$, $\{1, 3, 9\}$, $\{1, 5, 7\}$, $\{1, 5, 9\}$, $\{1, 7, 9\}$
의 6개이다.
즉, X_1, X_2, X_3, $\cdots$, X_{10} 중에서 1을 원소로 갖는 집합은 6개이다. ······㉮
같은 방법으로 3, 5, 7, 9를 원소로 갖는 집합도 각각 6개씩 있다. ······㉯
$\therefore S_1+S_2+S_3+\cdots+S_{10}=6(1+3+5+7+9)=150$ ······㉰

채점 기준	배점
㉮ 1을 원소로 갖는 집합의 개수 구하기	3점
㉯ 3, 5, 7, 9를 원소로 갖는 집합의 개수 구하기	3점
㉰ 답 구하기	2점

20○○학년도 1학년 2학기 중간고사(9회)

01 ⑤	02 ③	03 ④	04 ②	05 ②
06 ④	07 ③	08 ③	09 ④	10 ①
11 ①	12 ⑤	13 ⑤	14 ④	15 ②
16 ③	17 ①	18 ④	19 3	20 12
21 풀이 참조		22 10π	23 150	

01 ①, ④는 참인 명제이다.
②, ③은 명제가 아니다.
⑤ 두 홀수의 합은 짝수이다.
따라서 거짓인 명제는 ⑤이다.

02 명제 $p \longrightarrow \sim q$가 참이면 그 대우도 참이다.
따라서 반드시 참인 명제는 $q \longrightarrow \sim p$이다.

03 ㄱ. $\varnothing$은 집합 A의 원소이므로 $\varnothing \in A$ (참)
ㄴ. $\varnothing$은 모든 집합의 부분집합이므로 $\varnothing \subset A$ (참)
ㄷ. $\{a\}$는 집합 A의 부분집합이므로 $\{a\} \subset A$ (거짓)
ㄹ. $\{a, b\}$는 집합 A의 원소이므로 $\{a, b\} \in A$ (참)
ㅁ. $\{a, b\}$는 집합 A의 부분집합이므로 $\{a, b\} \subset A$ (참)
따라서 옳은 것은 ㄱ, ㄴ, ㄹ, ㅁ의 4개이다.

04 $A=B$이므로
(i) $a+4=1$, $a^2=a^2-2a$일 때,
$a=-3$, $a=0$이 되어 두 식을 동시에 만족시키는 a의 값은 존재하지 않는다.
(ii) $a+4=a^2-2a$, $a^2=1$일 때,
$a+4=a^2-2a$에서 $a^2-3a-4=0$
$(a+1)(a-4)=0$
$\therefore a=-1$ 또는 $a=4$ ⋯⋯ ㉠
$a^2=1$에서 $a=\pm 1$ ⋯⋯ ㉡
㉠, ㉡에서 $a=-1$
(i), (ii)에 의하여 $a=-1$

05 $A \cap B=\varnothing$이고, $A \cup B=\{1, 2, 3, 4, 5\}$이므로
$B=\{1, 2, 3\}$
따라서 집합 B의 모든 원소의 합은
$1+2+3=6$

06 주어진 집합을 벤다이어그램으로 나타내면 그림과 같다.
따라서 어두운 부분에 속하는 원소는 1, 3, 6이므로 집합 A는 $\{1, 3, 6\}$이다.

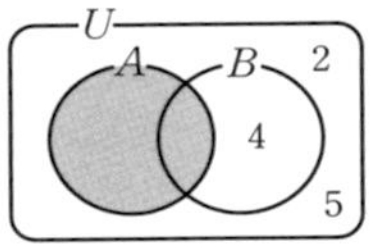

07 $A \cup X=X$이므로 $A \subset X$
$(A \cup B) \cap X=X$이므로 $X \subset (A \cup B)$
$\therefore A \subset X \subset (A \cup B)$
즉, $\{a, b, f\} \subset X \subset \{a, b, c, d, e, f\}$이므로
집합 X는 $\{a, b, c, d, e, f\}$의 부분집합 중 원소 a, b, f를 반드시 포함하는 집합이다.
따라서 집합 X의 개수는
$2^{6-3}=2^3=8$

08 그림과 같이 점 A를 x축에 대하여 대칭이동한 점 $\mathrm{A'}(-1, -3)$을 잡으면 $\overline{\mathrm{AP}}=\overline{\mathrm{A'P}}$이므로
$\overline{\mathrm{AP}}+\overline{\mathrm{BP}}=\overline{\mathrm{A'P}}+\overline{\mathrm{BP}} \geq \overline{\mathrm{A'B}}$
따라서 $\overline{\mathrm{AP}}+\overline{\mathrm{BP}}$의 최솟값은 선분 A'B의 길이와 같으므로
$\overline{\mathrm{A'B}}=\sqrt{(2+1)^2+(5+3)^2}=\sqrt{73}$

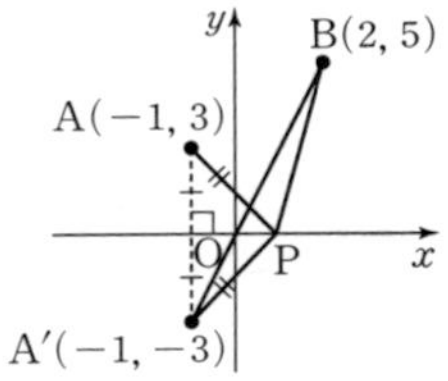

09 명제 '$k-1 \leq x \leq k+3$인 어떤 실수 x에 대하여 $0 \leq x \leq 2$이다.'에서 조건 $k-1 \leq x \leq k+3$의 진리집합을
$P=\{x \mid k-1 \leq x \leq k+3\}$,
조건 $0 \leq x \leq 2$의 진리집합을
$Q=\{x \mid 0 \leq x \leq 2\}$
라 하자. 주어진 명제가 참이 되려면 집합 P에 속하는 원소 중에서 집합 Q에도 속하는 원소가 존재해야 한다.
즉, $P \cap Q \neq \varnothing$이어야 한다.
(i) $k-1 \geq 0$인 경우
$k-1 \leq 2$, $k \leq 3$
조건에서 $k \geq 1$이므로
$1 \leq k \leq 3$

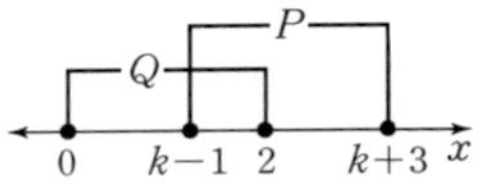

(ii) $k-1<0$인 경우
$0 \leq k+3$, $k \geq -3$
조건에서 $k<1$이므로
$-3 \leq k<1$

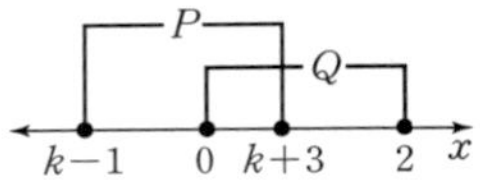

(i), (ii)에 의하여 $-3 \leq k \leq 3$
따라서 정수 k는 $-3, -2, -1, 0, 1, 2, 3$의 7개이다.

> **핵심 포인트**
> 조건 p의 진리집합을 P라 할 때, '모든 x에 대하여 p이다.'가 참이 되기 위해서는 $P=U$이어야 하고, '어떤 x에 대하여 p이다.'가 참이 되기 위해서는 $P \neq \varnothing$이어야 한다.

10 세 조건 p, q, r의 진리집합을 각각 P, Q, R라 하면
$P=\{x \mid -3 \leq x \leq 8\}$
$Q=\{x \mid -a \leq x \leq a\}$
$R=\{x \mid -b \leq x \leq b\}$
p는 q이기 위한 필요조건이므로 $Q \subset P$
p는 r이기 위한 충분조건이므로 $P \subset R$
$\therefore Q \subset P \subset R$

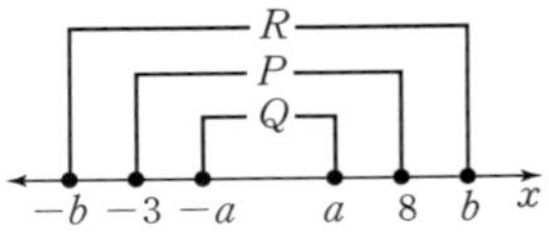

즉, $-b \leq -3$, $b \geq 8$이고 $-3 \leq -a$, $a \leq 8$에서
$a \leq 3$, $b \geq 8$
따라서 a의 최댓값은 3, b의 최솟값은 8이므로 그 합은 11이다.

11 $(Q-P^C)\cup(R-Q)=\varnothing$이므로
$Q-P^C=\varnothing$, $R-Q=\varnothing$
$\therefore Q\subset P^C$, $R\subset Q$
즉, $q \Longrightarrow \sim p$, $r \Longrightarrow q$이므로 삼단논법에 의해 $r \Longrightarrow \sim p$
따라서 옳은 것은 ① 조건 r는 조건 $\sim p$이기 위한 충분조건이다.

12 $A\subset B$이고 $a\neq 4$이므로 $3-a=5$ 또는 $b+4=5$
(i) $3-a=5$일 때, $a=-2$
이때, $A=\{-1, 5\}$, $B=\{1, 5, b+4\}$에서
$b+4=-1$ $\quad\therefore b=-5$
$\therefore a+b=-7$
(ii) $b+4=5$일 때, $b=1$
이때, $A=\{a+1, 5\}$, $B=\{1, 3-a, 5\}$에서
$a+1=1$ 또는 $a+1=3-a$
$\therefore a=0$ 또는 $a=1$
$\therefore a+b=1$ 또는 $a+b=2$
(i), (ii)에 의하여 $M=2$, $m=-7$
$\therefore M-m=9$

13 $x>0$, $y>0$이므로 산술평균과 기하평균의 관계에 의하여
$2x+\frac{2}{x}\geq 2\sqrt{2x\times\frac{2}{x}}=2\times 2=4$ (단, 등호는 $x=1$일 때 성립)
$y+\frac{9}{y}\geq 2\sqrt{y\times\frac{9}{y}}=2\times 3=6$ (단, 등호는 $y=3$일 때 성립)
$\therefore 2x+y+\frac{2}{x}+\frac{9}{y}\geq 4+6=10$
따라서 주어진 식의 최솟값은 $x=1$, $y=3$일 때 10이다.

14 주어진 명제의 대우 '두 자연수 m, n에 대하여 mn이 [(가) 홀수] 이면 m^2+n^2은 [(나) 짝수] 이다.' 가 참임을 보이면 된다.
mn이 [(가) 홀수] 이면 m, n이 모두 [(다) 홀수] 이므로
$m=2a+1$, $n=2b+1$ (a, b는 0 이상의 정수)로 놓을 수 있다.
$m^2+n^2=(2a+1)^2+(2b+1)^2=2(2a^2+2b^2+2a+2b+1)$
이므로 m^2+n^2은 [(나) 짝수] 이다.
따라서 주어진 명제의 대우가 참이므로 명제도 참이다.

15 $n(A\cup C)=n(A)+n(C)-n(A\cap C)$에서
$n(A\cap C)=n(A)+n(C)-n(A\cup C)$
$=5+3-7=1$
$n(B\cup C)=n(B)+n(C)-n(B\cap C)$에서
$n(B\cap C)=n(B)+n(C)-n(B\cup C)$
$=4+3-5=2$
또 $A\cap B=\varnothing$이므로 $A\cap B\cap C=\varnothing$
$\therefore n(A\cup B\cup C)$
$=n(A)+n(B)+n(C)-n(A\cap B)-n(B\cap C)$
$-n(A\cap C)+n(A\cap B\cap C)$
$=5+4+3-0-2-1+0$
$=9$

16 $||x|-|y||=|x-y|$에서 양변을 제곱하면
$x^2-2|x||y|+y^2=x^2-2xy+y^2$
$\therefore |x||y|=xy$
이때, $|x||y|=xy$를 만족하는 x, y는
$x\geq 0$, $y\geq 0$ 또는 $x\leq 0$, $y\leq 0$
$\therefore xy\geq 0$

17 ㄱ. $A_2=\{x|x$는 2와 서로소인 자연수$\}=\{x|x$는 홀수$\}$
$B_2=\{x|x$는 2의 배수인 자연수$\}=\{x|x$는 짝수$\}$
$\therefore A_2\cup B_2=\{x|x$는 자연수$\}$ (참)
ㄴ. [반례] 6은 5와 서로소이므로 $6\in A_5$이지만
$6\notin A_2$, $6\notin A_3$이므로 $6\notin(A_2\cup A_3)$ (거짓)
ㄷ. $B_2=\{x|x$는 2의 배수$\}$, $B_3=\{x|x$는 3의 배수$\}$
$\therefore B_2\cap B_3=B_6$ (거짓)
따라서 옳은 것은 ㄱ뿐이다.

18 조건 (나)에서 $S(B)=2S(A)-1$이므로 $S(B)$는 홀수이다.
$S(B)$가 홀수이려면 집합 B의 원소의 개수가 홀수이어야 하므로 $n(B)=1$ 또는 $n(B)=3$ 또는 $n(B)=5$ 또는 $n(B)=7$
(i) $n(B)=1$일 때, $n(A)=8$
$A\subset U$이므로 $n(A)\leq n(U)=7$
따라서 $n(B)=1$인 경우는 없다.
(ii) $n(B)=3$일 때, $n(A)=6$
$36\leq S(A)\leq 48$, $9\leq S(B)\leq 33$이므로 조건 (나)를 만족시킬 수 없다.
(iii) $n(B)=5$일 때, $n(A)=4$
$16\leq S(A)\leq 40$, $25\leq S(B)\leq 45$이고
$13\leq\frac{S(B)+1}{2}\leq 23$이므로 $16\leq S(A)\leq 23$
$31\leq 2S(A)-1\leq 79$이므로 $31\leq S(B)\leq 45$
$S(A)$는 4개의 홀수의 합이므로 항상 짝수이고, $S(B)$는 5개의 홀수의 합이므로 항상 홀수이다.
① $S(A)=16$일 때, $S(B)=31$
$A=\{1, 3, 5, 7\}$이고
$B=\{1, 3, 7, 9, 11\}$ 또는 $B=\{1, 3, 5, 9, 13\}$
즉, $A\cap B=\{1, 3, 7\}$ 또는 $A\cap B=\{1, 3, 5\}$
② $S(A)=18$일 때, $S(B)=35$
$A=\{1, 3, 5, 9\}$이고
$B=\{3, 5, 7, 9, 11\}$ 또는 $B=\{1, 5, 7, 9, 13\}$
또는 $B=\{1, 3, 7, 11, 13\}$
즉, $A\cap B=\{3, 5, 9\}$ 또는 $A\cap B=\{1, 5, 9\}$
또는 $A\cap B=\{1, 3\}$
③ $S(A)=20$일 때, $S(B)=39$
$A=\{1, 3, 5, 11\}$일 때
$B=\{3, 5, 7, 11, 13\}$ 또는 $B=\{1, 5, 9, 11, 13\}$
$A=\{1, 3, 7, 9\}$일 때
$B=\{3, 5, 7, 11, 13\}$ 또는 $B=\{1, 5, 9, 11, 13\}$
즉, $A\cap B=\{3, 5, 11\}$ 또는 $A\cap B=\{1, 5, 11\}$
또는 $A\cap B=\{3, 7\}$ 또는 $A\cap B=\{1, 9\}$
④ $S(A)=22$일 때, $S(B)=43$
$A=\{1, 3, 5, 13\}$일 때 $B=\{3, 7, 9, 11, 13\}$
$A=\{1, 3, 7, 11\}$일 때 $B=\{3, 7, 9, 11, 13\}$
$A=\{1, 5, 7, 9\}$일 때 $B=\{3, 7, 9, 11, 13\}$

즉, $A\cap B=\{3, 13\}$ 또는 $A\cap B=\{3, 7, 11\}$
또는 $A\cap B=\{7, 9\}$
(iv) $n(B)=7$일 때, $n(A)=2$
$B=U$이므로 $S(B)=49$
조건 (나)에서 $S(A)=\frac{S(B)+1}{2}=25$이어야 한다.
그런데 두 홀수의 합은 항상 짝수이므로 조건 (나)를 만족시킬 수 없다.
(i)~(iv)에서 $A\cap B=\{1, 3\}$일 때, $S(A\cap B)$가 최소이므로
$A=\{1, 3, 5, 9\}$
$\therefore 1\times3\times5\times9=135$

19 직선 $3x-4y+1=0$을 원점에 대하여 대칭이동하면
$3\times(-x)-4\times(-y)+1=0$
$\therefore 3x-4y-1=0$ ……㉮
이때, 이 직선이 원 $(x-a)^2+(y-2)^2=25$의 넓이를 이등분하려면 직선 $3x-4y-1=0$은 원의 중심 $(a, 2)$를 지나야 한다.
$3\times a-4\times2-1=0$
$\therefore a=3$ ……㉯

채점 기준	배점
㉮ 직선 $3x-4y-1=0$ 구하기	3점
㉯ 답 구하기	3점

핵심 포인트

도형의 대칭이동
방정식 $f(x, y)=0$이 나타내는 도형을
① x축에 대한 대칭이동 : $f(x, -y)=0$
② y축에 대한 대칭이동 : $f(-x, y)=0$
③ 원점에 대한 대칭이동 : $f(-x, -y)=0$
④ 직선 $y=x$에 대한 대칭이동 : $f(y, x)=0$

20 집합 A를 원소나열법으로 나타내면
$A=\{0, 1, 2, 3, 4\}$
$A^C\cup B^C=(A\cap B)^C$이므로 주어진 조건에서
$(A\cup B)\cap(A\cap B)^C=(A\cup B)-(A\cap B)$
$=\{1, 3, 6\}$ ……㉮
벤다이어그램으로 나타내면 그림의 어두운 부분이므로

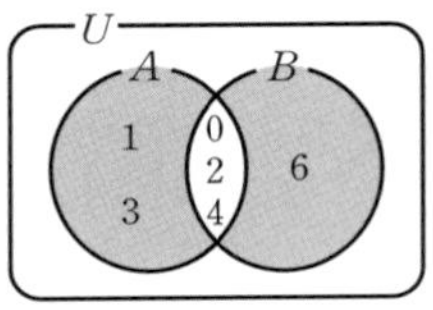

$A\cap B=\{0, 2, 4\}$
$B-A=\{6\}$ ……㉯
따라서 집합 $B=\{0, 2, 4, 6\}$이므로
구하는 모든 원소의 합은
$0+2+4+6=12$ ……㉰

채점 기준	배점
㉮ $(A\cup B)-(A\cap B)=\{1, 3, 6\}$ 구하기	2점
㉯ $A\cap B$, $B-A$ 구하기	2점
㉰ 답 구하기	2점

21 $a+b>0$, $b+c>0$, $c+a>0$이므로 산술평균과 기하평균의 관계에 의하여
$a+b\geq2\sqrt{ab}$
$b+c\geq2\sqrt{bc}$
$c+a\geq2\sqrt{ca}$ ……㉮
$\therefore (a+b)(b+c)(c+a)\geq2\sqrt{ab}\times2\sqrt{bc}\times2\sqrt{ca}$
$=8abc$ ……㉯
(단, 등호는 $a=b=c$일 때 성립) ……㉰

채점 기준	배점
㉮ $a+b\geq2\sqrt{ab}$, $b+c\geq2\sqrt{bc}$, $c+a\geq2\sqrt{ca}$임을 보이기	3점
㉯ $(a+b)(b+c)(c+a)\geq8abc$임을 보이기	2점
㉰ $a=b=c$ 구하기	1점

22 $x^2+y^2+4x=0$에서 $(x+2)^2+y^2=4$
이 원을 x축의 방향으로 a만큼, y축의 방향으로 b만큼 평행이동한 원의 방정식은
$(x-a+2)^2+(y-b)^2=4$ ……㉠ ……㉮
이 원은 중심의 좌표가 $(a-2, b)$이고, 반지름의 길이가 2인 원이다.
$x^2+y^2-10x+4y+20=0$에서
$(x-5)^2+(y+2)^2=9$ ……㉡
이 원은 중심의 좌표가 $(5, -2)$이고, 반지름의 길이가 3인 원이다.
이때, 두 원 ㉠, ㉡이 서로 외접하므로 두 원의 중심 사이의 거리가 두 원의 반지름의 길이의 합과 같아야 한다. 즉,
$\sqrt{(a-7)^2+(b+2)^2}=5$
$\therefore (a-7)^2+(b+2)^2=25$ ……㉯
따라서 점 (a, b)는 중심의 좌표가 $(7, -2)$이고, 반지름의 길이가 5인 원 위를 움직이므로 이 점의 자취의 길이는 10π이다. ……㉰

채점 기준	배점
㉮ $(x-a+2)^2+(y-b)^2=4$ 구하기	3점
㉯ $(a-7)^2+(b+2)^2=25$ 구하기	3점
㉰ 답 구하기	2점

23 세 집합 A, B, C를 벤다이어그램으로 나타내고 그림과 같이 각 영역의 원소의 개수를 각각 a, b, c, d, e, f, g라 하자.

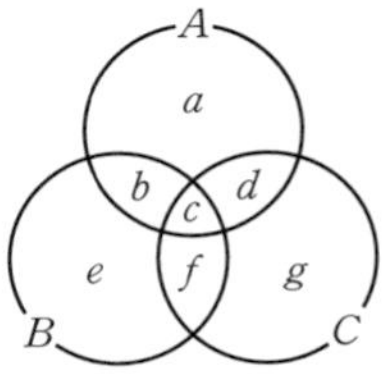

조건 (가)에서
$n(A\cup B\cup C)$
$=a+b+c+d+e+f+g=92$
조건 (나)에서
$n((A\cup B)\cap C)=c+d+f=27$ ……㉠ ……㉮
조건 (다)에서
$(A\cap C)\triangle(B\cap C)=\{(A\cap C)\cup(B\cap C)\}-\{(A\cap C)\cap(B\cap C)\}$
$=\{(A\cup B)\cap C\}-(A\cap B\cap C)$
$\therefore n((A\cap C)\triangle(B\cap C))=d+f=10$ ……㉡
㉠, ㉡에서 $c=27-10=17$ ……㉯
$n(A\triangle B)=a+d+e+f$,

$n(B\triangle C)=b+d+e+g$,
$n(C\triangle A)=a+b+f+g$
이므로
$n(A\triangle B)+n(B\triangle C)+n(C\triangle A)$
$=2(a+b+d+e+f+g)$
$=2\times(92-17)$
$=150$ ······㉰

채점 기준	배점
㉮ $c+d+f=27$ 구하기	3점
㉯ $c=17$ 구하기	3점
㉰ 답 구하기	2점

20○○학년도 1학년 2학기 중간고사(10회)

01 ②	02 ④	03 ③	04 ④	05 ①
06 ②	07 ④	08 ③	09 ④	10 ①
11 ④	12 ⑤	13 ⑤	14 ②	15 ③
16 ①	17 ⑤	18 ③	19 3	
20 풀이 참조		21 3	22 42	23 420

01 $A\subset B$이고 $B\subset A$이므로 $A=B$
$A=\{x|x$는 8의 약수$\}=\{1, 2, 4, 8\}$이므로
$\{1, 2, 4, 8\}=\{1, a, 2a, 8\}$
따라서 $a=2$, $2a=4$이어야 하므로
$a=2$

02 $U=\{1, 2, 3, 4, 5, 6, 7, 8, 9\}$에서 두 조건 p, q의 진리집합을 각각 P, Q라 하면
$P=\{1, 2, 5\}$, $Q=\{3, 6, 9\}$이므로
$P^C\supset Q$
따라서 $q \longrightarrow \sim p$가 참이다.

03 p는 $\sim q$이기 위한 충분조건이므로
$P\subset Q^C$

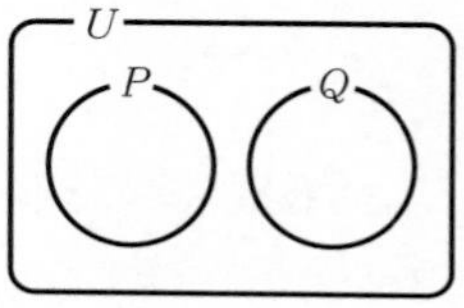

① $P\not\subset Q$
② $P^C\not\subset Q^C$
③ $Q\subset P^C$
④ $P\cup Q\neq U$
⑤ $P\cap Q=\varnothing$
따라서 항상 옳은 것은 ③이다.

04 $P(A)$는 집합 A의 부분집합을 원소로 갖는 집합이므로
$P(A)=\{\varnothing, \{a\}, \{b\}, \{c\}, \{a, b\}, \{b, c\}, \{c, a\}, \{a, b, c\}\}$
따라서 $P(A)$의 원소가 아닌 것은 ④ $\{\varnothing\}$이다.

05 $(A-B)\cup(B-A)=\varnothing$에서
$A-B=\varnothing$이고 $B-A=\varnothing$
즉, $A\subset B$이고 $B\subset A$이므로 $A=B$
$A=\{3, 6, a-1\}$, $B=\{6, 9, b+1\}$이므로
$a-1=9$, $b+1=3$
$\therefore a=10$, $b=2$
$\therefore a+b=12$

06 $U=\{1, 2, 3, \cdots, 7\}$, $A=\{3, 5, 7\}$, $B=\{4, 5, 6, 7\}$이므로 벤다이어그램으로 나타내면 그림과 같다.

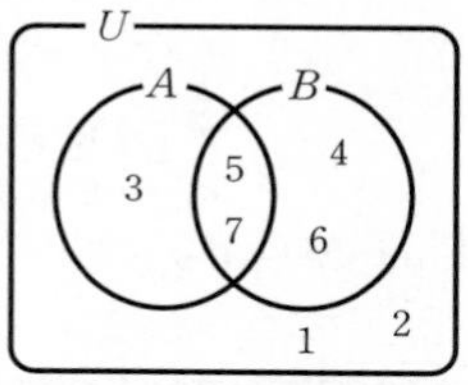

$\therefore (A^C \cup B)^C \cup B = (A \cap B^C) \cup B$
$= (A \cup B) \cap (B^C \cup B)$
$= (A \cup B) \cap U$
$= A \cup B$
$= \{3, 4, 5, 6, 7\}$

따라서 구하는 모든 원소의 합은
$3+4+5+6+7=25$

07 집합 A에 속하는 원소들의 합을 $S(A)$라 하면
$S(A)=a+b+c+d=6$
$S(A \cap B)=7$, $S(A \cup B)=21$
한편, $S(A \cup B)=S(A)+S(B)-S(A \cap B)$에서
$S(B)=S(A \cup B)-S(A)+S(A \cap B)$
$=21-6+7=22$
즉, $S(B)=a+b+c+d+4k=6+4k=22$에서
$4k=16$
$\therefore k=4$

08 $A_3 \cap (A_4 \cup A_7) = (A_3 \cap A_4) \cup (A_3 \cap A_7)$
$= A_{12} \cup A_{21}$
이므로 $A_k \subset (A_{12} \cup A_{21})$을 만족시키는 k의 값은
12, 21, 24, 36, …이다.
따라서 구하는 k의 최솟값은 12이다.

09 ① $x=1, 2, 3, 4$일 때, $x+2<7$이므로 모든 x에 대하여 성립한다. (참)
② $x=2, 3, 4$일 때, $x^2-1>0$이므로 어떤 x에 대하여 성립한다. (참)
③ $x=1$일 때, $x^2<y+1$은 $1<y+1$이 되므로 모든 y에 대하여 성립한다. (참)
④ x^2+y^2이 가장 작게 되는 것은 $x=1$, $y=1$일 때,
$x^2+y^2=1^2+1^2=2>1$이므로 $x^2+y^2<1$을 만족하는 x, y가 존재하지 않는다. (거짓)
⑤ x^2+y^2이 가장 크게 되는 것은 $x=4$, $y=4$일 때,
$x^2+y^2=4^2+4^2=32<33$이므로 모든 x, y에 대하여
$x^2+y^2<33$이다. (참)

10 세 조건 p, q, r의 진리집합을 각각 P, Q, R라 하면
$P=\{x \mid -3 \le x \le 2$ 또는 $x \ge 3\}$,
$Q=\{x \mid a \le x \le 1\}$, $R=\{x \mid x \ge b\}$
명제 $q \longrightarrow p$, $p \longrightarrow r$가 참이므로
$Q \subset P \subset R$

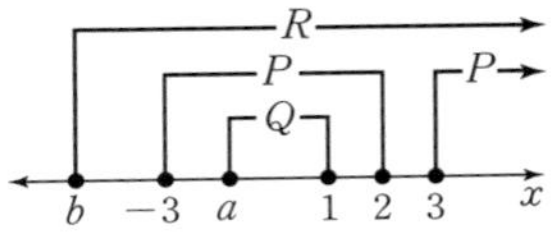

즉, $b \le -3$, $-3 \le a \le 1$에서 a의 최솟값은 -3, b의 최댓값은 -3이므로 그 곱은 9이다.

11 ㄱ. $a+b+abi=0 \Longleftrightarrow a+b=0,\ ab=0$
$\Longleftrightarrow a=0,\ b=0$
ㄴ. [반례] $a=2$, $b=-\sqrt{2}$이면 $a+b\sqrt{2}=0$이지만 $a \ne 0$, $b \ne 0$
ㄷ. $a^2+ab+b^2=\left(a+\frac{b}{2}\right)^2+\frac{3}{4}b^2=0$
$\Longleftrightarrow a+\frac{b}{2}=0,\ b=0$
$\Longleftrightarrow a=0,\ b=0$
ㄹ. $|a|+|b|=0 \Longleftrightarrow a=0,\ b=0$
따라서 $a=0$, $b=0$이기 위한 필요충분조건인 것은
ㄱ, ㄷ, ㄹ이다.

> **핵심 포인트**
> a, b, c, d가 실수일 때,
> (1) $a+bi=c+di$가 되기 위한 조건 ➡ $a=c$, $b=d$
> (2) $a+bi=0$이 되기 위한 조건 ➡ $a=0$, $b=0$

12 포물선 $y=x^2-2x$를 x축의 방향으로 m만큼, y축의 방향으로 n만큼 평행이동하면
$y-n=(x-m)^2-2(x-m)$
$\therefore y=x^2-2(m+1)x+m^2+2m+n$
이 포물선이 포물선 $y=x^2-12x+30$과 일치하므로
$-2(m+1)=-12$에서 $m=5$
또 $m^2+2m+n=30$에서
$25+10+n=30$
$\therefore n=-5$
직선 $l: x-2y=0$을 x축의 방향으로 5만큼, y축의 방향으로 -5만큼 평행이동하면
$(x-5)-2(y+5)=0$
$\therefore x-2y-15=0$
따라서 두 직선 l, l' 사이의 거리는 직선 $x-2y=0$ 위의 점 $(0, 0)$과 직선 $x-2y-15=0$ 사이의 거리와 같으므로
$\frac{|-15|}{\sqrt{1^2+(-2)^2}}=3\sqrt{5}$

13 집합 A의 부분집합 중 원소의 개수가 3이고 a를 반드시 포함하는 부분집합은
$\{a, b, c\}$, $\{a, b, d\}$, $\{a, b, e\}$, $\{a, b, f\}$, $\{a, c, d\}$,
$\{a, c, e\}$, $\{a, c, f\}$, $\{a, d, e\}$, $\{a, d, f\}$, $\{a, e, f\}$
의 10개이므로 a는 모두 10번 들어 있다.
같은 방법으로 하면 원소 b, c, d, e, f도 각각 10번씩 들어 있으므로 모든 원소의 총합은
$(a+b+c+d+e+f) \times 10=190$
$\therefore a+b+c+d+e+f=19$

14 (i) $n=3k+1$일 때,
$n^2=(3k+1)^2=9k^2+6k+1$
$=3(3k^2+2k)+\boxed{1}$
(ii) $n=3k+2$일 때,
$n^2=(3k+2)^2=9k^2+12k+4$
$=3(3k^2+4k+1)+\boxed{1}$
$\therefore$ (가) : 1, (나) : 1
$\therefore$ (가)+(나)=2

15 주어진 식을 전개하면

$(a+b+c)\left(\frac{1}{a}+\frac{1}{b}+\frac{1}{c}\right)$

$=1+\frac{a}{b}+\frac{a}{c}+\frac{b}{a}+1+\frac{b}{c}+\frac{c}{a}+\frac{c}{b}+1$

$=\left(\frac{b}{a}+\frac{a}{b}\right)+\left(\frac{c}{b}+\frac{b}{c}\right)+\left(\frac{a}{c}+\frac{c}{a}\right)+3$

$a>0$, $b>0$, $c>0$이므로 산술평균과 기하평균의 관계에서

$\frac{b}{a}+\frac{a}{b}\geq 2$, $\frac{c}{b}+\frac{b}{c}\geq 2$, $\frac{a}{c}+\frac{c}{a}\geq 2$

(단, 등호는 각각 $a=b$, $b=c$, $c=a$일 때 성립한다.)

$\therefore \left(\frac{b}{a}+\frac{a}{b}\right)+\left(\frac{c}{b}+\frac{b}{c}\right)+\left(\frac{a}{c}+\frac{c}{a}\right)\geq 2+2+2=6$

따라서 주어진 식의 최솟값은

$6+3=9$

16 직선 $y=3x+2$를 직선 $x=k$에 대하여 대칭이동시키면 $k>0$일 때, 포물선 $y=x^2-2x$와 접할 수 없으므로 $k<0$

직선 $y=3x+2$를 직선 $x=k$에 대하여 대칭이동한 직선을 l'이라 하자.

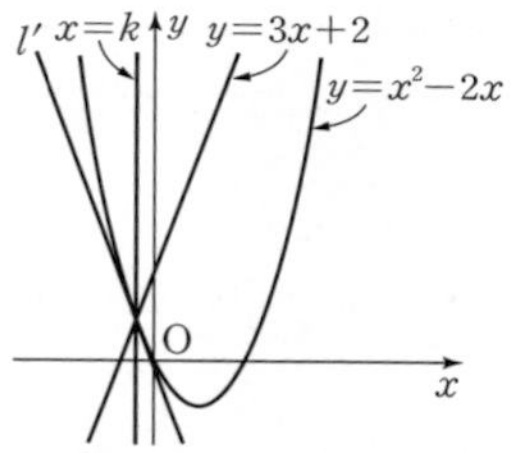

두 직선 $y=3x+2$와 l'의 교점은 직선 $x=k$ 위에 있으므로 교점의 좌표는 $(k, 3k+2)$이다.

또 직선 $y=3x+2$ 위의 점 $\left(-\frac{2}{3}, 0\right)$을 직선 $x=k$에 대하여 대칭이동한 점의 좌표를 (a, b)라 하면 중점은 $(k, 0)$이므로

$\frac{a-\frac{2}{3}}{2}=k$, $\frac{b}{2}=0$ $\quad\therefore a=2k+\frac{2}{3}$, $b=0$

직선 l'은 두 점 $(k, 3k+2)$, $\left(2k+\frac{2}{3}, 0\right)$을 지나므로 기울기는

$\frac{-(3k+2)}{2k+\frac{2}{3}-k}=\frac{-3\left(k+\frac{2}{3}\right)}{k+\frac{2}{3}}=-3\left(\text{단, } k\neq-\frac{2}{3}\right)$

따라서 직선 l'의 방정식은

$y=-3(x-k)+3k+2$

$=-3x+6k+2$ ……㉠

직선 ㉠은 포물선 $y=x^2-2x$에 접하므로 두 식을 연립하면

$-3x+6k+2=x^2-2x$

$x^2+x-(6k+2)=0$

이 이차방정식의 판별식을 D라 하면

$D=1+4(6k+2)=0$

$\therefore k=-\frac{3}{8}$

[다른 풀이]

직선 $y=3x+2$를 직선 $x=k$에 대하여 대칭이동시키면

$y=3(2k-x)+2$

$\therefore y=-3x+6k+2$ ……㉠

직선 ㉠은 포물선 $y=x^2-2x$에 접하므로 두 식을 연립하면

$-3x+6k+2=x^2-2x$

$x^2+x-(6k+2)=0$

이 이차방정식의 판별식을 D라 하면

$D=1+4(6k+2)=0$

$\therefore k=-\frac{3}{8}$

17 조건에 따라 집합을 구하고 그림으로 나타내면 다음과 같다.

$A_1=\{x|1\leq x\leq 7\}$, $A_2=\{x|3\leq x\leq 12\}$,

$A_3=\{x|5\leq x\leq 17\}$, $A_4=\{x|7\leq x\leq 22\}$,

$A_5=\{x|9\leq x\leq 27\}$, …

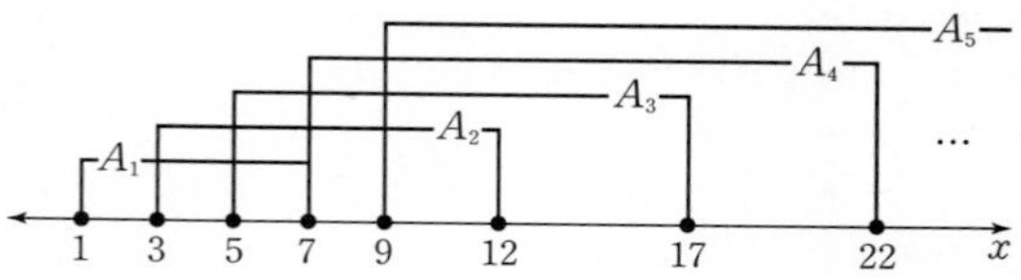

위의 그림에서

$A_1\cap A_2\cap A_3\cap A_4=\{7\}$

$A_1\cap A_2\cap A_3\cap A_4\cap A_5=\varnothing$

이므로 $n\geq 5$일 때, $A_1\cap A_2\cap\cdots\cap A_n=\varnothing$이다.

따라서 자연수 n의 최솟값은 5이다.

18 집합 A의 부분집합 중에서 $a=k$ (k는 자연수)인 집합을 A_k라 하면

$A_1=\{13, 23, 33, 43, \cdots\}$

$A_2=\{16, 26, 36, 46, \cdots\}$

$A_3=\{19, 29, 39, 49, \cdots\}$

$A_4=\{22, 32, 42, 52, \cdots\}$

$A_5=\{25, 35, 45, 55, \cdots\}$

$A_6=\{28, 38, 48, 58, \cdots\}$

$A_7=\{31, 41, 51, 61, \cdots\}$

$A_8=\{34, 44, 54, 64, \cdots\}$

$A_9=\{37, 47, 57, 67, \cdots\}$

$A_{10}=\{40, 50, 60, 70, \cdots\}$

$A_{11}=\{43, 53, 63, 73, \cdots\}$

이므로

$A=\{13, 16, 19, 22, 23, 25, 26, 28, 29, 31, 32, 33, 34, 35, \cdots\}$

따라서 $B\subset A$를 만족하는 자연수 n의 최솟값은 29이다.

19 $n(A\cup B)=n(A)+n(B)-n(A\cap B)$

$=5+3-1=7$ ……㉮

$\therefore n(A^C\cap B^C)=n((A\cup B)^C)$

$=n(U)-n(A\cup B)$

$=10-7=3$ ……㉯

채점 기준	배점
㉮ $n(A\cup B)$ 구하기	3점
㉯ 답 구하기	3점

20 $\left(a+\frac{1}{b}\right)\left(b+\frac{1}{a}\right)=ab+\frac{1}{ab}+2$에서 ……㉮

$ab>0$, $\frac{1}{ab}>0$이므로 산술평균과 기하평균의 관계에 의하여

$ab+\frac{1}{ab}+2\geq 2\sqrt{ab\times\frac{1}{ab}}+2=4$ ……㉯

여기에서 등호는 $ab=\frac{1}{ab}$, 즉 $b=\frac{1}{a}$일 때 성립한다.

채점 기준	배점
㉮ $\left(a+\frac{1}{b}\right)\left(b+\frac{1}{a}\right)$ 전개하기	3점
㉯ 주어진 식이 성립함을 보이기	3점

21 점 $P(a, b)$가 직선 $y=\frac{1}{2}x$ 위에 있으므로 $2b=a$이다.

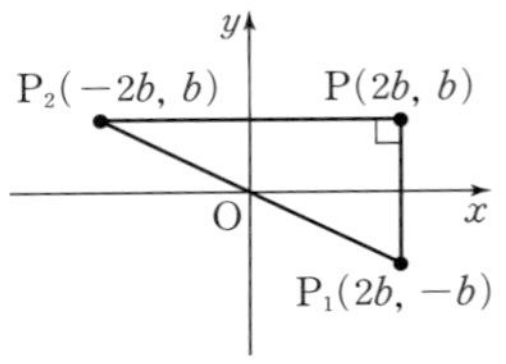

점 $P(2b, b)$를 x축, y축에 대하여 각각 대칭이동한 점이 P_1, P_2이므로

$P_1(2b, -b)$, $P_2(-2b, b)$ ……㉮

$\triangle PP_1P_2$는 $\angle P_1PP_2=90°$인 직각삼각형이므로

$\triangle PP_1P_2=\frac{1}{2}\times\overline{PP_1}\times\overline{PP_2}$

$=\frac{1}{2}\times 2b\times 4b$

$=4b^2=4$ ……㉯

$\therefore b=1,\ a=2\ (\because a>0,\ b>0)$

$\therefore a+b=3$ ……㉰

채점 기준	배점
㉮ 점 P_1, P_2 구하기	2점
㉯ $\triangle PP_1P_2$ 구하기	2점
㉰ 답 구하기	2점

핵심 포인트

(1) x축에 대한 대칭이동 : $(x, y) \longrightarrow (x, -y)$
(2) y축에 대한 대칭이동 : $(x, y) \longrightarrow (-x, y)$
(3) 원점에 대한 대칭이동 : $(x, y) \longrightarrow (-x, -y)$
(4) 직선 $y=x$에 대한 대칭이동 : $(x, y) \longrightarrow (y, x)$

22 100명의 학생 전체의 집합을 U, 세 영화 A, B, C를 관람한 학생의 집합을 각각 A, B, C라 하면

$n(U)=n(A\cup B\cup C)=100$, $n(A)=52$, $n(B)=63$, $n(C)=56$, $n(A\cap B\cap C)=13$이므로

$n(A\cap B)+n(B\cap C)+n(C\cap A)$
$=n(A)+n(B)+n(C)+n(A\cap B\cap C)-n(A\cup B\cup C)$
$=52+63+56+13-100=84$ ……㉮

따라서 세 영화 중 한 편만 관람한 학생의 수는

$n(A\cup B\cup C)-\{n(A\cap B)+n(B\cap C)+n(C\cap A)\}+2\times n(A\cap B\cap C)$
$=100-84+2\times 13=42$ ……㉯

[다른 풀이]

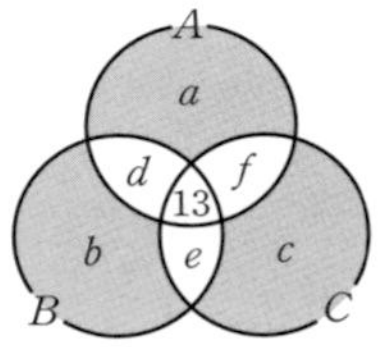

$100=52+63+56-(d+13+e+13+f+13)+13$

$\therefore d+e+f=45$

$100=a+b+c+13+45$

$\therefore a+b+c=42$

채점 기준	배점
㉮ $n(A\cap B)+n(B\cap C)+n(C\cap A)$ 구하기	4점
㉯ 답 구하기	4점

23 조건 ㈎에 의하여 두 집합 A, B는 1, 3을 원소로 갖고, 조건 ㈏에 의하여 8은 원소로 갖지 않는다.

$S(A)=k\times S(B)$가 되도록 하는 두 집합 A, B에 대하여 자연수 k가 최댓값이 되려면 남은 원소 2, 4, 5, 6, 7에서 제일 작은 수인 2가 집합 B의 원소이고 4, 5, 6, 7이 집합 A의 원소가 되면 된다. ……㉮

즉, $A=\{1, 3, 4, 5, 6, 7\}$, $B=\{1, 2, 3\}$ ……㉯

$S(A)=k\times S(B)$에서

$1\times3\times4\times5\times6\times7=k\times(1\times2\times3)$

$\therefore k=420$

따라서 구하는 자연수 k의 최댓값은 420이다. ……㉰

채점 기준	배점
㉮ 두 집합 A, B의 조건 구하기	2점
㉯ $A=\{1, 3, 4, 5, 6, 7\}$, $B=\{1, 2, 3\}$ 구하기	3점
㉰ 답 구하기	3점

[부록 1회] 원의 방정식

01 ③	02 ④	03 ②	04 ④	05 ①
06 ⑤	07 -6	08 5		

01 두 점 $A(0, 3)$, $B(4, -1)$을 지름의 양 끝 점으로 하는 원의 중심은 선분 AB의 중점이므로

$\left(\frac{0+4}{2}, \frac{3-1}{2}\right)$ $\quad \therefore (2, 1)$

또한, 반지름의 길이는 선분 AB의 길이의 $\frac{1}{2}$이므로

$\frac{1}{2}\overline{AB}=\frac{1}{2}\sqrt{(4-0)^2+(-1-3)^2}=2\sqrt{2}$

따라서 중심의 좌표가 $(2, 1)$, 반지름의 길이가 $2\sqrt{2}$인 원이므로

$(x-2)^2+(y-1)^2=8$

[다른 풀이]

두 점 $A(x_1, y_1)$, $B(x_2, y_2)$를 지름의 양 끝 점으로 하는 원의 방정식은

$(x-x_1)(x-x_2)+(y-y_1)(y-y_2)=0$

의 공식을 이용하여 구할 수도 있다.

즉, 두 점 $A(0, 3)$, $B(4, -1)$을 지름의 양 끝 점으로 하는 원의 방정식은

$(x-0)(x-4)+(y-3)(y+1)=0$

$x^2-4x+y^2-2y-3=0 \quad \therefore (x-2)^2+(y-1)^2=8$

> **핵심 포인트**
>
> 두 점을 지름의 양 끝 점으로 하는 원의 방정식
>
> 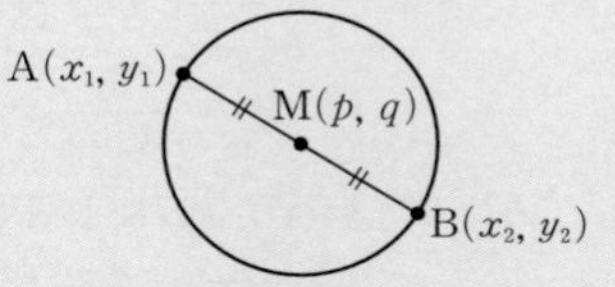
>
>
> 두 점 $A(x_1, y_1)$, $B(x_2, y_2)$의 중점을 $M(p, q)$라 하고, $\frac{\overline{AB}}{2}=\overline{AM}=k$라 하자.
>
> 이때 두 점 $A(x_1, y_1)$, $B(x_2, y_2)$를 지름의 양 끝 점으로 하는 원의 방정식은
>
> ➡ $(x-p)^2+(y-q)^2=k^2$

02 원의 중심의 좌표를 $(a, -a+10)$이라 하면 이 원은 x축과 y축에 동시에 접하므로

$|a|=|-a+10| \quad \therefore a=5$

따라서 이 원의 중심의 좌표는 $(5, 5)$이고, 반지름의 길이는 5이므로 둘레의 길이는 10π이다.

$\therefore k=10$

03 $x^2+y^2-10x-6y+33=0$에서

$(x-5)^2+(y-3)^2=1$

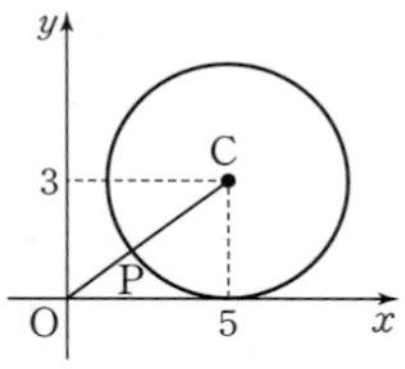

구하는 원의 중심의 좌표가 $(5, 3)$이고, x축에 접하는 원의 반지름의 길이를 r라 하면 $r=3$이므로 원의 방정식은

$(x-5)^2+(y-3)^2=3^2$

원의 중심을 C라 하면

$\overline{OC}=\sqrt{5^2+3^2}=\sqrt{34}$

따라서 $\overline{OP}$의 최솟값은

$\overline{OC}-r=\sqrt{34}-3$

> **핵심 포인트**
>
> (1) 중심의 좌표가 (a, b)이고, x축에 접하는 원의 방정식은
>
> ➡ $(x-a)^2+(y-b)^2=b^2$
>
> (2) 중심의 좌표가 (a, b)이고, y축에 접하는 원의 방정식은
>
> ➡ $(x-a)^2+(y-b)^2=a^2$

04 중심이 직선 $y=x+3$ 위에 있으므로 구하는 원의 중심의 좌표는 $(a, a+3)$

반지름의 길이를 $r\ (r>0)$라 하면 원의 방정식은

$(x-a)^2+\{y-(a+3)\}^2=r^2$

이 원이 두 점 $(-3, 4)$, $(1, 8)$을 지나므로 두 점의 x, y좌표를 위의 방정식에 각각 대입하면

$(-3-a)^2+\{4-(a+3)\}^2=r^2$ ······㉠

$(1-a)^2+\{8-(a+3)\}^2=r^2$ ······㉡

㉠, ㉡을 연립하면

$2a^2+4a+10=2a^2-12a+26$

$16a-16=0 \quad \therefore a=1$

$b=a+3$에서 $b=4$

$\therefore a+b=5$

05 $x^2+y^2-2y=0$에서 $x^2+(y-1)^2=1$

원의 넓이를 이등분하는 직선은 원의 중심 $(0, 1)$을 지나야 한다.

한편, 직선 $x-3y+6=0$에 수직인 직선의 기울기는 -3이다.

따라서 구하는 직선의 방정식은

$y-1=-3(x-0)$

$\therefore y=-3x+1$

06 세 점 $P(0, 0)$, $Q(1, 1)$, $R(4, 0)$을 지나는 원의 방정식을 $x^2+y^2+Ax+By+C=0$이라 할 때, 각 점의 좌표를 대입하여 정리하면

$C=0$ ······㉠

$A+B+C=-2$ ······㉡

$4A+C=-16$ ······㉢

㉠, ㉡, ㉢을 연립하여 풀면

$A=-4, B=2, C=0$

구하는 원의 방정식은

$x^2+y^2-4x+2y=0$

$\therefore (x-2)^2+(y+1)^2=5$

따라서 원의 넓이는 5π이다.

07 주어진 원의 방정식 $x^2+y^2+4kx-2ky+10k=14$에서

$(x^2+4kx+4k^2)+(y^2-2ky+k^2)=5k^2-10k+14$

$\therefore (x+2k)^2+(y-k)^2=5k^2-10k+14$ ······㉠ ······㉮

원의 넓이가 최소가 되려면 원의 반지름의 길이가 최소이어야 하므로 $5k^2-10k+14$가 최소가 되는 k의 값을 구하면

$5k^2-10k+14=5(k^2-2k+1)+14-5$
$=5(k-1)^2+9$

즉, $k=1$일 때, $5k^2-10k+14$의 값은 9로 최소이다. ……㉯

$k=1$을 ㉠에 대입하면

$(x+2)^2+(y-1)^2=9$

따라서 원의 넓이가 최소가 될 때의 중심의 좌표는 $(-2, 1)$이고, 반지름의 길이가 3이므로

$a=-2, b=1, r=3$

$\therefore abr=-6$ ……㉰

채점 기준	배점
㉮ 원의 방정식(표준형) 나타내기	2점
㉯ $5k^2-10k+14$의 최솟값 구하기	2점
㉰ 답 구하기	2점

08 원 $x^2+y^2-6x-4y+9=0$에서

$(x-3)^2+(y-2)^2=4$

원 위의 점을 $Q(r, s)$라 하면

$(r-3)^2+(s-2)^2=4$ ……㉠ ……㉮

선분 AQ의 중점 P의 좌표를 (X, Y)라 하면

$X=\frac{r-1}{2}$, $Y=\frac{s+4}{2}$ ……㉯

$r=2X+1$, $s=2Y-4$이므로

㉠에 대입하면

$(2X-2)^2+(2Y-6)^2=4$

따라서 $(x-1)^2+(y-3)^2=1$이므로

$a=1, b=3, c=1$

$\therefore a+b+c=5$ ……㉰

채점 기준	배점
㉮ $(r-3)^2+(s-2)^2=4$ 구하기	2점
㉯ X, Y 구하기	3점
㉰ 답 구하기	3점

[부록 2회] 원과 직선

01 ③	02 ⑤	03 ②	04 ②	05 ④
06 ②	07 $\frac{1}{2}$	08 $4+4\sqrt{5}$		

01 원 $(x-2)^2+(y+1)^2=5$와 직선 $x-2y+k=0$이 서로 다른 두 점에서 만나려면 원의 중심 $(2, -1)$에서

직선 $x-2y+k=0$까지의 거리가 원의 반지름의 길이 $\sqrt{5}$보다 작아야 한다.

$\frac{|2+2+k|}{\sqrt{1^2+(-2)^2}}<\sqrt{5}$에서

$|k+4|<5$

$-5<k+4<5$

$\therefore -9<k<1$

따라서 정수 k의 개수는 $-8, -7, -6, \cdots, 0$의 9이다.

핵심 포인트

반지름의 길이가 r인 원의 중심에서 직선까지의 거리를 d라 하면

(1) 서로 다른 두 점에서 만난다.
➡ $d<r$

(2) 한 점에서 만난다.(접한다.)
➡ $d=r$

(3) 만나지 않는다. ➡ $d>r$

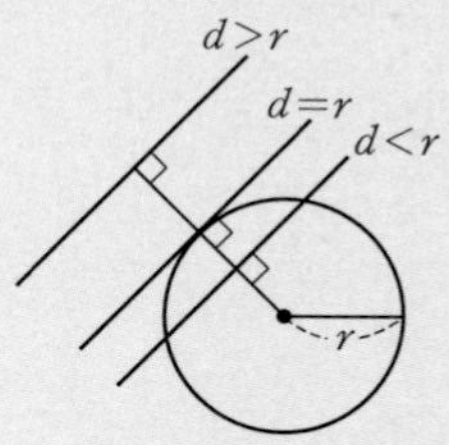

02 직선 $2x-y+2=0$에 평행한 직선의 기울기는 2이므로 원 $x^2+y^2=9$에 접하고 기울기가 2인 직선의 방정식은

$y=2x\pm3\sqrt{2^2+1}$

$\therefore y=2x\pm3\sqrt{5}$

$b>0$이므로

$a=2, b=3\sqrt{5}$

$\therefore ab=6\sqrt{5}$

03 $x^2+y^2-6x+2y+2=0$에서

$(x-3)^2+(y+1)^2=8$

접선은 원의 중심과 접점을 이은 선분과 수직이고, 원의 중심 $(3, -1)$과 접점 $(5, 1)$을 지나는 직선의 기울기가

$\frac{1-(-1)}{5-3}=1$

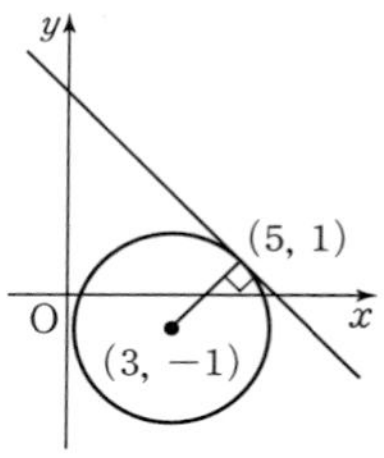

이므로 접선의 기울기를 m이라 하면

$1\times m=-1$

$\therefore m=-1$

따라서 구하는 접선의 방정식은

$y-1=-1\times(x-5)$

$\therefore y=-x+6$

[다른 풀이]

원 $(x-3)^2+(y+1)^2=8$ 위의 점 $(5, 1)$에서의 접선의 방정식은

$(5-3)(x-3)+(1+1)(y+1)=8$

$2x-6+2y+2=8$

$\therefore y=-x+6$

04 접점을 $P(x_1, y_1)$이라 하면 이 점에서 원 $x^2+y^2=5$에 그은 접선의 방정식은

$x_1x+y_1y=5$

이 직선은 점 $(1, 3)$을 지나므로

$x_1+3y_1=5$ ……㉠

한편, 점 $P(x_1, y_1)$은 원 $x^2+y^2=5$ 위의 점이므로

$x_1^2+y_1^2=5$ ……㉡

㉠, ㉡에서

$(5-3y_1)^2+y_1^2=5$

$10y_1^2-30y_1+20=0$, $y_1^2-3y_1+2=0$

$(y_1-1)(y_1-2)=0$ $\therefore y_1=1$ 또는 $y_1=2$

그러므로 교점의 좌표는 $(2, 1)$ 또는 $(-1, 2)$
따라서 구하는 접선의 방정식은
$2x+y=5$ 또는 $-x+2y=5$이므로
모든 기울기의 합은
$-2+\frac{1}{2}=-\frac{3}{2}$

핵심 포인트

원 $x^2+y^2=r^2$ 위의 점 $P(x_1, y_1)$에서의 접선의 방정식은
$x_1x+y_1y=r^2$

05 접선의 방정식을 $y=mx\pm2\sqrt{m^2+1}$로 놓고, 식을 변형하면
$y-mx=\pm2\sqrt{m^2+1}$
양변을 제곱하여 정리하면
$y^2-2myx+m^2x^2=4(m^2+1)$
$(x^2-4)m^2-2xym+y^2-4=0$
위의 식을 m에 대한 이차방정식으로 보면 두 직선이 서로 수직이므로 두 근의 곱이 -1이다. 근과 계수의 관계에 의하여
$\frac{y^2-4}{x^2-4}=-1$, $y^2-4=-x^2+4$
$\therefore x^2+y^2=8$
따라서 점 P가 나타내는 도형은 중심이 원점이고, 반지름의 길이가 $2\sqrt{2}$인 원이므로 구하는 도형의 넓이는 8π이다.

06

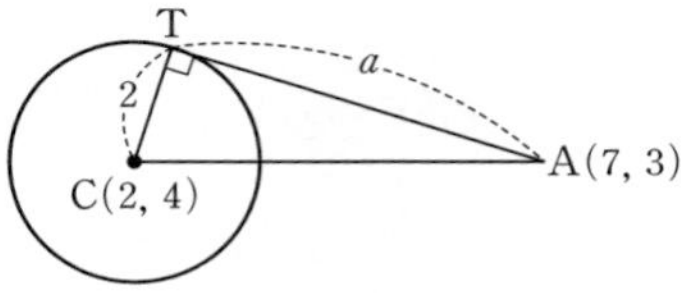

$(x-2)^2+(y-4)^2=4$에서
원의 중심을 $C(2, 4)$라 하면 $\overline{CT}=2$이고
$\overline{AC}^2=(7-2)^2+(3-4)^2$
$=25+1=26$
따라서 삼각형 CAT는 직각삼각형이므로
$a^2=\overline{AT}^2=\overline{AC}^2-\overline{CT}^2$
$=26-4=22$

07 원의 중심을 C라 하고, C에서 직선에 내린 수선의 발을 H라 하면 H는 선분 AB를 이등분하므로

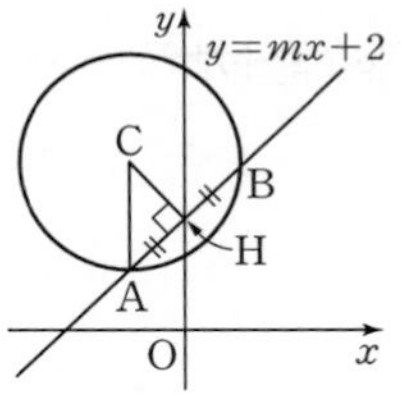

$\overline{AH}=\overline{BH}=\sqrt{5}$
직각삼각형 AHC에서
$\overline{CH}=\sqrt{\overline{AC}^2-\overline{AH}^2}$
$=\sqrt{(\sqrt{10})^2-(\sqrt{5})^2}=\sqrt{5}$ ……㉮
원의 중심 $C(-1, 4)$와 직선 $mx-y+2=0$ 사이의 거리는 선분 CH의 길이와 같으므로
$\frac{|m\times(-1)-4+2|}{\sqrt{m^2+(-1)^2}}=\sqrt{5}$ ……㉯
$|-m-2|=\sqrt{5}\sqrt{m^2+1}$
양변을 제곱하면
$(-m-2)^2=5(m^2+1)$, $m^2+4m+4=5m^2+5$
$4m^2-4m+1=0$, $(2m-1)^2=0$
$\therefore m=\frac{1}{2}$ ……㉰

채점 기준	배점
㉮ $\overline{CH}=\sqrt{5}$ 구하기	2점
㉯ $\frac{\lvert m\times(-1)-4+2\rvert}{\sqrt{m^2+(-1)^2}}=\sqrt{5}$ 구하기	2점
㉰ 답 구하기	2점

08 도형 $x^2+y^2=16$ $(y>0)$은 반원을 나타내고
$y=-x+|x-k|$
$=\begin{cases} -k & (x\ge k) \\ -2x+k & (x<k) \end{cases}$
는 점 $(k, -k)$에서 꺾이는 직선을 나타낸다.
따라서 두 도형의 그래프는 그림과 같다.

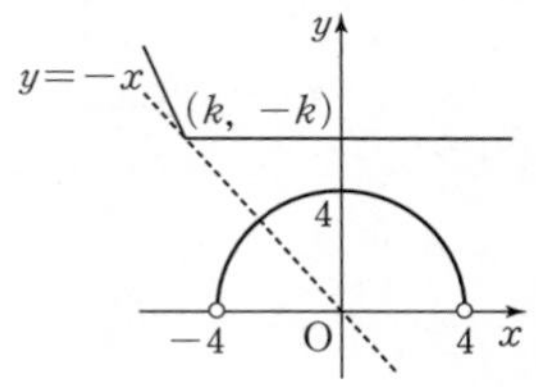

두 도형이 2개의 점에서 만나려면 $y=-x+|x-k|$의 꺾이는 점 $(k, -k)$가 다음 그림의 $\overline{AB}$ 또는 $\overline{OC}$ 위에 있어야 한다.

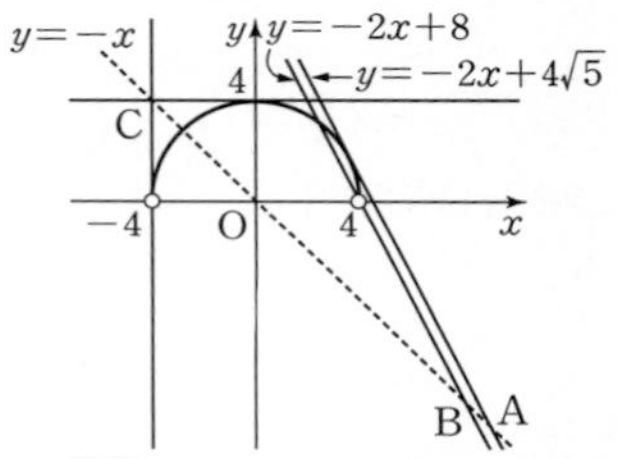

(i) 점 $(k, -k)$가 $\overline{AB}$ 위에 있을 때, $y=-x+|x-k|$가 점 A를 지나면 $y=-2x+k$와 원점 사이의 거리가 4이므로
$\frac{|-k|}{\sqrt{2^2+1^2}}=4$, $k=\pm4\sqrt{5}$
k는 제4사분면 위의 점이므로
$k=4\sqrt{5}$ ……㉠
$y=-x+|x-k|$가 점 B를 지날 때, $y=-2x+k$가 점 $(4, 0)$을 지나므로
$0=-2\times4+k$ $\therefore k=8$ ……㉡
점 $(k, -k)$가 $\overline{AB}$ 위에 있으므로 ㉠, ㉡에서
$8<k<4\sqrt{5}$ ……㉮
(ii) 점 $(k, -k)$가 $\overline{OC}$ 위에 있을 때, 즉 $(0, 0)$, $(-4, 4)$ 사이를 지날 때
$x^2+y^2=16$과 두 점에서 만나므로 $-4<k<0$ ……㉯
(i), (ii)에서 $-4<k<0$ 또는 $8<k<4\sqrt{5}$
$\therefore a+b+c=(-4)+8+4\sqrt{5}$
$=4+4\sqrt{5}$ ……㉰

채점 기준	배점
㉮ $8<k<4\sqrt{5}$ 구하기	3점
㉯ $-4<k<0$ 구하기	3점
㉰ 답 구하기	2점

[부록 3회] 함수

01 ①	02 ⑤	03 ④	04 ⑤	05 ⑤
06 ②	07 6	08 −2		

01 $f(x)=\begin{cases} x+2 & (x\le 3) \\ 1 & (x=5) \end{cases}$에서

$f(1)=1+2=3,\ f(3)=3+2=5,\ f(5)=1$

$\therefore f(1)-f(3)+f(5)=3-5+1=-1$

02 ① $x=0$에 대응하는 Y의 원소가 없으므로 실수 전체의 집합에서 정의된 함수가 아니다.

② $a>0$일 때, $x=a$에 대응하는 Y의 원소가 2개이므로 함수가 아니다.

③ $x=-1$에 대응하는 Y의 원소가 무수히 많으므로 함수가 아니다.

④ $x=0$에 대응하는 Y의 원소가 2와 -2의 2개이므로 함수가 아니다.

⑤ 임의의 실수 x에 대응하는 Y의 원소가 항상 1개이므로 실수 전체의 집합에서 정의된 함수이다.

따라서 함수의 그래프인 것은 ⑤이다.

03 함수 $f(x)$가 일대일대응이려면 그림과 같이 $x<0$일 때, 직선 $y=ax+3$의 기울기가 양수이어야 한다.

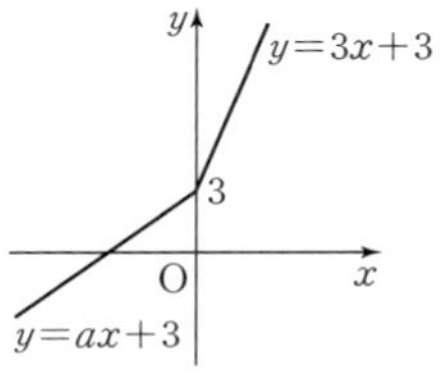

$\therefore a>0$

따라서 정수 a의 최솟값은 1이다.

04 $f(0)=g(0)$에서 $0-0-8=0+b$

$\therefore b=-8$ ……㉠

$f(1)=g(1)$에서 $1-2a-8=5+b$

$\therefore 2a+b=-12$ ……㉡

㉠을 ㉡에 대입하면

$a=-2$

$\therefore ab=16$

> **핵심 포인트**
>
> 서로 같은 함수
>
> 두 함수 f, g가 서로 같은 함수이면
>
> (1) 두 함수 f, g의 정의역과 공역이 각각 같다.
>
> (2) 정의역의 모든 원소 x에 대하여 $f(x)=g(x)$이다.

05 주어진 함수 $f(x)$가 일대일대응이 되려면 그림과 같아야 한다.

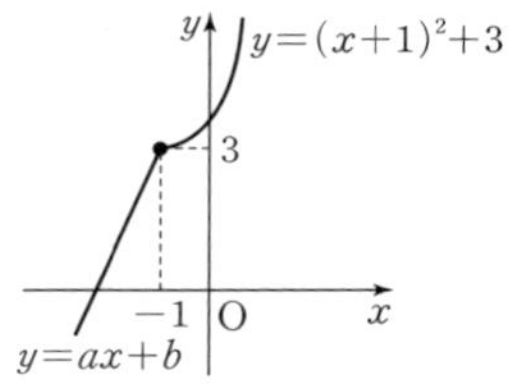

이때, $y=ax+b$의 그래프는 점$(-1,\ 3)$을 지나므로

$3=-a+b$

$\therefore a=b-3$ ……㉠

또 $f(x)=ax+b$의 그래프의 기울기는 양수이므로

$a>0$

따라서 ㉠에서 $b-3>0$이므로 $b>3$

06 (i) $f(1)=1$일 때,

2에 대응할 수 있는 공역의 원소는 2, 3, 4의 3가지

3, 4에 나머지 두 원소가 일대일대응하는 경우 2가지

따라서 일대일대응의 개수는 $3\times 2=6$

(ii) $f(1)=2$일 때,

2에 대응할 수 있는 공역의 원소는 3, 4의 2가지

3, 4에 나머지 두 원소가 일대일대응하는 경우 2가지

따라서 일대일대응의 개수는 $2\times 2=4$

(iii) $f(1)=3$일 때,

2에 대응할 수 있는 공역의 원소가 4의 1가지

3, 4에 나머지 두 원소가 일대일대응하는 경우 2가지

따라서 일대일대응의 개수는 $1\times 2=2$

(iv) $f(1)=4$일 때,

2에 대응할 수 있는 공역의 원소가 없다.

(i)~(iv)에서 구하는 일대일대응의 개수는

$6+4+2=12$

> **핵심 포인트**
>
> 함수의 개수
>
> 두 집합 X, Y의 원소의 개수가 각각 m, n일 때,
>
> (1) X에서 Y로의 함수의 개수 ➡ n^m
>
> (2) X에서 Y로의 일대일함수의 개수
>
> ➡ $n(n-1)(n-2)\times\cdots\times(n-m+1)$ (단, $n\ge m$)
>
> (3) X에서 Y로의 일대일대응의 개수
>
> ➡ $n(n-1)(n-2)\times\cdots\times 2\times 1$ (단, $n=m$)
>
> (4) X에서 Y로의 상수함수의 개수 ➡ n

07 함수 f가 항등함수이므로 $f(x)=x$

$\therefore f(1)=1,\ f(5)=5$ ……㉮

함수 g가 상수함수이고, $f(1)=g(3)$이므로

$g(3)=1$

즉, $g(x)=1$이므로 $g(5)=1$ ……㉯

$\therefore f(5)+g(5)=6$ ……㉰

채점 기준	배점
㉮ $f(5)=5$ 구하기	2점
㉯ $g(5)=1$ 구하기	2점
㉰ 답 구하기	2점

08 $f(x+f(y))=y+f(x)$ ······㉠

㉠에 $x=0$, $y=0$을 대입하면 $f(f(0))=f(0)$

$\therefore f(0)=0$ ($\because f$는 일대일함수) ······㉮

㉠에 $x=0$, $y=1$을 대입하면 $f(f(1))=1+f(0)=1$

$\therefore f(-1)=1$ ($\because f(1)=-1$)

㉠에 $x=1$, $y=-1$을 대입하면

$f(1+f(-1))=-1+f(1)=-2$ ($\because f(1)=-1$)

$\therefore f(2)=-2$ ······㉯

$\therefore f(0)+f(2)=0+(-2)=-2$ ······㉰

채점 기준	배점
㉮ $f(0)=0$ 구하기	2점
㉯ $f(-1)=1$, $f(2)=-2$ 구하기	4점
㉰ 답 구하기	2점

[부록 4회] 합성함수와 역함수

01 ①	02 ④	03 ②	04 ④	05 ⑤
06 ②	07 4	08 10		

01 $(f\circ g)(1)=f(g(1))=f(1)=3$

$(g\circ f)(1)=g(f(1))=g(3)=7$

$\therefore (f\circ g)(1)-(g\circ f)(1)=3-7=-4$

02 $f(2)=5$, $f(3)=7$이므로

$f^{-1}(5)=2$, $f^{-1}(7)=3$

$\therefore f^{-1}(5)+f^{-1}(7)=5$

03 $f^{-1}(1)=2$에서 $f(2)=1$이고, $f(3)=0$이므로

$\begin{cases} 2a+b=1 \\ 3a+b=0 \end{cases}$

위의 두 식을 연립하여 풀면

$a=-1$, $b=3$

$\therefore a+b=2$

> **핵심 포인트**
>
> 역함수의 성질
>
> 함수 $f: X \longrightarrow Y$가 일대일대응이면 역함수
> $f^{-1}: Y \longrightarrow X$가 존재하고
> $f(a)=b \Longleftrightarrow f^{-1}(b)=a$ $(a\in X, b\in Y)$

04 $(f^{-1}\circ f^{-1})(b)=f^{-1}(f^{-1}(b))$ ······㉠

$f^{-1}(b)=k$라 하면 $f(k)=b$

$\therefore k=c$

$\therefore f^{-1}(b)=c$

이를 ㉠에 대입하면

$f^{-1}(f^{-1}(b))=f^{-1}(c)$

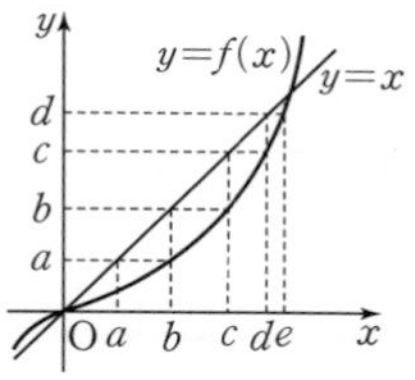

$f^{-1}(c)=l$이라 하면 $f(l)=c$

$\therefore l=d$

$\therefore (f^{-1}\circ f^{-1})(b)=d$

05 $h(x)$가 일차함수이므로 $h(x)=ax+b$ $(a\neq 0)$로 놓으면

$(h\circ f)(x)$

$=h(f(x))=h(-2x+1)$

$=a(-2x+1)+b$

$=-2ax+a+b$

$(h\circ f)(x)=g(x)$이므로

$-2ax+a+b=4x-3$

$-2a=4$, $a+b=-3$

$\therefore a=-2$, $b=-1$

따라서 $h(x)=-2x-1$이므로

$(h\circ g)(-2)=h(g(-2))=h(-11)=21$

06 $n=100$을 함수 $f(n)$에 대입하면

$f(100)=98$

$n=99, 98, 97, 96, \cdots$을 함수 $f(n)$에 대입하면

$f(99)=f(f(103))=f(101)=99$

$f(98)=f(f(102))=f(100)=98$

$f(97)=f(f(101))=f(99)=99$

$f(96)=f(f(100))=f(98)=98$

$\vdots$

따라서 $n<100$일 때, $f(n)$의 함숫값은

$f(n)=\begin{cases} 99 & (n\text{이 홀수}) \\ 98 & (n\text{이 짝수}) \end{cases}$

$\therefore f(79)=99$

07 $(g\circ f)^{-1}=f^{-1}\circ g^{-1}$이므로

$(f\circ(g\circ f)^{-1}\circ f)(1)$

$=(f\circ f^{-1}\circ g^{-1}\circ f)(1)$

$=(I\circ g^{-1}\circ f)(1)$ (I는 항등함수)

$=g^{-1}(f(1))$

$=g^{-1}(4)$ ······㉮

$g^{-1}(4)=a$라 하면 $g(a)=4$이므로

$2a-4=4$ $\therefore a=4$

$\therefore (f\circ(g\circ f)^{-1}\circ f)(1)=4$ ······㉯

채점 기준	배점
㉮ $(f\circ(g\circ f)^{-1}\circ f)(1)=g^{-1}(4)$ 구하기	3점
㉯ 답 구하기	3점

> **핵심 포인트**
>
> 합성함수의 역함수
>
> 두 함수 $f: X \longrightarrow Y$, $g: Y \longrightarrow Z$가 일대일대응일 때,
> $(g\circ f)^{-1}=f^{-1}\circ g^{-1}$

08 $f(x)=(a^2-b)x+2b^2-13$에서 $f(0)=5$이므로

$2b^2-13=5$, $b^2=9$

$\therefore b=-3$ 또는 $b=3$ ······㉮

한편, $f^{-1}(3)=1$에서 $f(1)=3$이므로

(i) $b=-3$일 때,

$f(x)=(a^2+3)x+5$에서

$f(1)=a^2+3+5=3$

$\therefore a^2=-5$

a는 실수이므로 모순이다.

(ii) $b=3$일 때,

$f(x)=(a^2-3)x+5$에서

$f(1)=a^2-3+5=3$

$\therefore a^2=1$

(i), (ii)에서 $a^2=1$, $b=3$ ······ ㊁

$\therefore a^2+b^2=1+9=10$ ······ ㊂

채점 기준	배점
㊀ $b=-3$ 또는 $b=3$ 구하기	2점
㊁ $a^2=1$ 구하기	4점
㊂ 답 구하기	2점

한눈에 보는 정답 [고1 수학]

내신파이널

■ 1학년 2학기 중간고사

01회

01 ④ 02 ⑤ 03 ③ 04 ② 05 ③ 06 ③ 07 ① 08 ⑤ 09 ② 10 ④ 11 ② 12 ③ 13 ④ 14 ①
15 ④ 16 ④ 17 ⑤ 18 ① 19 6 20 4 21 23 22 풀이 참조 23 9

02회

01 ③ 02 ④ 03 ③ 04 ② 05 ⑤ 06 ④ 07 ② 08 ① 09 ③ 10 ④ 11 ① 12 ⑤ 13 ③ 14 ②
15 ⑤ 16 ② 17 ④ 18 ① 19 3 20 18 21 풀이 참조 22 $-4<a<-1$ 23 42

03회

01 ② 02 ③ 03 ② 04 ① 05 ③ 06 ⑤ 07 ④ 08 ② 09 ② 10 ① 11 ③ 12 ④ 13 ⑤ 14 ②
15 ① 16 ③ 17 ④ 18 ④ 19 22 20 풀이 참조 21 3 22 900 23 54

04회

01 ④ 02 ② 03 ① 04 ② 05 ③ 06 ② 07 ④ 08 ⑤ 09 ④ 10 ④ 11 ③ 12 ③ 13 ③ 14 ⑤
15 ③ 16 ④ 17 ⑤ 18 ① 19 9 20 -1 21 18 22 풀이 참조 23 7

05회

01 ③ 02 ② 03 ① 04 ④ 05 ③ 06 ③ 07 ③ 08 ② 09 ① 10 ⑤ 11 ② 12 ⑤ 13 ② 14 ④
15 ⑤ 16 ④ 17 ① 18 ③ 19 $(0, 3)$ 20 풀이 참조 21 10 22 풀이 참조 23 53

06회

01 ⑤ 02 ④ 03 ③ 04 ② 05 ③ 06 ③ 07 ① 08 ⑤ 09 ② 10 ① 11 ⑤ 12 ④ 13 ① 14 ⑤
15 ④ 16 ② 17 ① 18 ③ 19 $x\leq-1$ 또는 $x>3$ 20 14 21 4 22 풀이 참조 23 10

07회

01 ③ 02 ② 03 ④ 04 ⑤ 05 ③ 06 ① 07 ④ 08 ③ 09 ③ 10 ② 11 ① 12 ④ 13 ⑤ 14 ②
15 ① 16 ④ 17 ② 18 ⑤ 19 18 20 -1 21 풀이 참조 22 19 23 72

08회

01 ③ **02** ⑤ **03** ② **04** ② **05** ① **06** ④ **07** ⑤ **08** ③ **09** ④ **10** ② **11** ① **12** ② **13** ⑤ **14** ④
15 ① **16** ③ **17** ③ **18** ⑤ **19** $x+2y-2=0$ **20** 6 **21** 풀이 참조 **22** 33 **23** 150

09회

01 ⑤ **02** ③ **03** ④ **04** ② **05** ② **06** ④ **07** ③ **08** ③ **09** ④ **10** ① **11** ① **12** ⑤ **13** ⑤ **14** ④
15 ② **16** ③ **17** ① **18** ④ **19** 3 **20** 12 **21** 풀이 참조 **22** 10π **23** 150

10회

01 ② **02** ④ **03** ③ **04** ④ **05** ① **06** ② **07** ④ **08** ③ **09** ④ **10** ① **11** ④ **12** ⑤ **13** ⑤ **14** ②
15 ③ **16** ① **17** ⑤ **18** ③ **19** 3 **20** 풀이 참조 **21** 3 **22** 42 **23** 420

■ 부록

[1회] 원의 방정식

01 ③ **02** ④ **03** ② **04** ④ **05** ① **06** ⑤ **07** -6 **08** 5

[2회] 원과 직선

01 ③ **02** ⑤ **03** ② **04** ② **05** ④ **06** ② **07** $\frac{1}{2}$ **08** $4+4\sqrt{5}$

[3회] 함수

01 ① **02** ⑤ **03** ④ **04** ⑤ **05** ⑤ **06** ② **07** 6 **08** -2

[4회] 합성함수와 역함수

01 ① **02** ④ **03** ② **04** ④ **05** ⑤ **06** ② **07** 4 **08** 10